小家，越住越大

3

逯薇/著绘

中信出版集团|北京

图书在版编目（CIP）数据

小家，越住越大.3/逯薇著绘. -- 北京：中信出
版社，2019.10（2020.1重印）

ISBN 978-7-5217-0939-1

I. ①小… II. ①逯… III. ①住宅－室内装饰设计
IV. ①TU241

中国版本图书馆CIP数据核字（2019）第179537号

小家，越住越大 3

著 绘 者：逯　薇
出版发行：中信出版集团股份有限公司
　　　　　（北京市朝阳区惠新东街甲4号富盛大厦2座　邮编　100029）
承 印 者：北京尚唐印刷包装有限公司

开　　本：880mm×1230mm　1/32　印　张：12.25　字　数：259千字
版　　次：2019年10月第1版　印　次：2020年1月第3次印刷
广告经营许可证：京朝工商广字第8087号
书　　号：ISBN 978-7-5217-0939-1
定　　价：69.00元

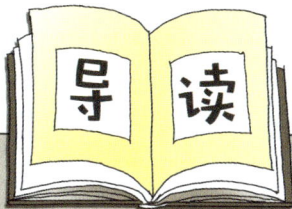

导读

亲爱的读者：

谢谢你打开这本书。
请允许我先介绍一下它：
这不是一本"装修"书，
而是一本"住商"书。

什么是"住商"？

住商，是我创造的概念。
住商，是把房子变成家的能力；
住商，是把房子住成家的智慧。

"小家，越住越大"系列，
是针对中国人的生活方式，
贴合中国主力的中小户型，
解决中国小家的居住痛点，
帮助每位普通居住者提升
"住商"的书。

是什么把房子变成了家?

每个人都有不同的答案。
而我的答案是:住商。

房子+住商=家

住商体系

下层基础:收纳、功能

上层建筑:颜值

精神内核:爱

四要素:

收纳决定家的整洁,
功能决定家的舒适,
颜值决定家的美观,
爱是家的永恒母题。

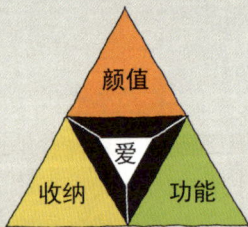

房子是家的硬件,
住商是家的软件。

无论是阅读一本书，还是建造一个家，最重要的，就是建立**知识体系**。

住商，是一套完整的知识体系。它可以帮助你建立对于"家"的结构化认知，提前形成知识地图，避免一头扎进装修或装饰的细枝末节中去。

到目前为止，"小家，越住越大"系列一共出版了三册。三册书的切入点，各不相同。书中有大量的知识点，也有清晰的结构。三册书的"住商配比"大致如下图：

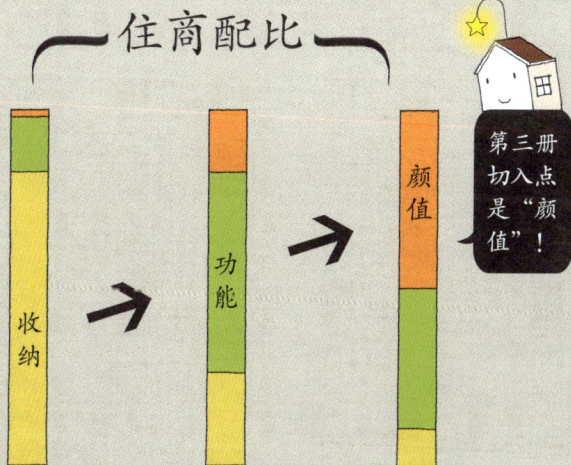

⌐ 住商配比 ⌐

第三册切入点是"**颜值**"！

收纳

功能

颜值

《小家，越住越大》《小家，越住越大2》《小家，越住越大3》

你手中的这本
《小家，越住越大3》
是"住商"体系的全新
篇章。相比前两册，
它的不同点在于
"全新"。

全 这次，我们终于可以痛痛快快聊聊家的"颜值"了！补全了颜值这块拼图后，住商体系全景第一次完整呈现。

新 在过去的三年间，中国的小家发生了很大变化，产生了新的居住趋势，面临着新的功能难题，也隐藏着新的收纳机遇。住商，要与时俱进。

《小家，越住越大3》的主体内容框架如下，三大块的比重约为4：4：2。

PART1

颜值 底层逻辑

PART2

功能 四大难题

PART3

收纳 蓝海领域

PART1

颜值 底层逻辑

约占
本书内容的
40%

如何搭配一个家？99%的人第一时间都会犹豫"我家到底要选择什么风格"。其实，你已经掉进了"风格陷阱"。

在本篇中，我将带你一起，扒开"风格陷阱"的上层浮土，深入问题的底层，以全新的视角探讨搭配的本质。你会吃惊地发现，在那些五光十色的表象下面，藏着更朴素、更直接、更接近本质的"底层逻辑"。

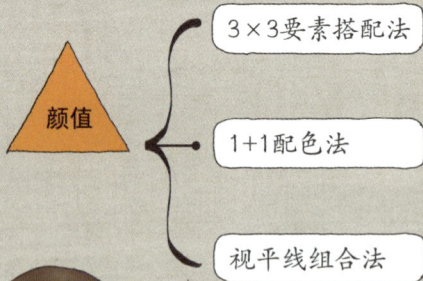

颜值

3×3要素搭配法

1+1配色法

视平线组合法

揭秘风格背后的底层逻辑！

PART2

功能 四大难题

约占
本书内容的
40%

可分可合厨房

开放式厨房，油烟污染、容易凌乱。
封闭式厨房，窄小憋屈、做饭孤单。
其实还有第三条路——可分可合式。

改造鸡肋飘窗

"飘窗"是中国户型特有产物，
看上去很美，却毫无实用功能，
到底能不能砸？究竟该如何用？

懒人洗衣阳台

针对中小户型常见的厨房小阳台，
小小改造，一箭双雕！
懒人洗衣阳台，你也可以轻松拥有。

三分离卫生间

这几年火爆一时的"三分离卫生间"，
其实是个超级大坑，埋了一大堆雷。
学会避坑避雷，比追热点更靠谱。

功能

PART3

收纳 蓝海领域

约占
本书内容的
20%

收纳 ●——— 15cm超薄收纳

——白白浪费的长走道该如何利用?
——门背后的空间死角该如何利用?
——光秃秃的柜子侧面该如何利用?

在前两册"小家"的收纳话题基础上,我们
再深入一步,探讨过去很少被关注的一个蓝
海领域——**超薄收纳**。

哪怕在只有巴掌大的缝隙里,
其实也藏着惊人的收纳空间潜力。

只用15cm,
创造收纳惊喜!

此外再附赠
一章,介绍
我的独家收
纳工具。

写这套书，对于我而言，是一段自我成长的旅程。在过去这4年间，我不停学习、吸收、思考、写作输出，把从业16年所有的经验和思考，全部浓缩于"住商"这块小小晶体之中。它从最初模糊的概念，变成帮助普通中国人解决居住问题的一整套知识体系。

我希望于你而言，读这套书，是一段自我发现的旅程。不是由别人（装修公司，或者设计师，或者我）来建议你，你的家应该做成什么样子，而是你自己慢慢发现——哦，原来这才是内心深处真正想要的家，这才是钻石打磨后真正的样子……

现在，让我们一起启程吧！

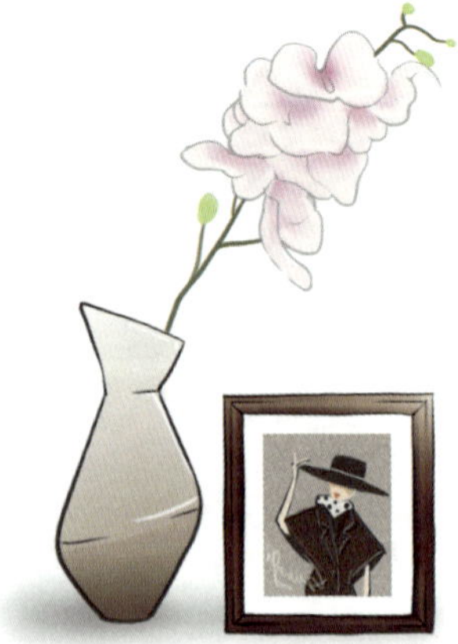

目录

| 导读

颜值

颜值

PART1

值

底层逻辑

Q1 选什么风格？

Q2 该怎么配色？

Q3 要如何装饰？

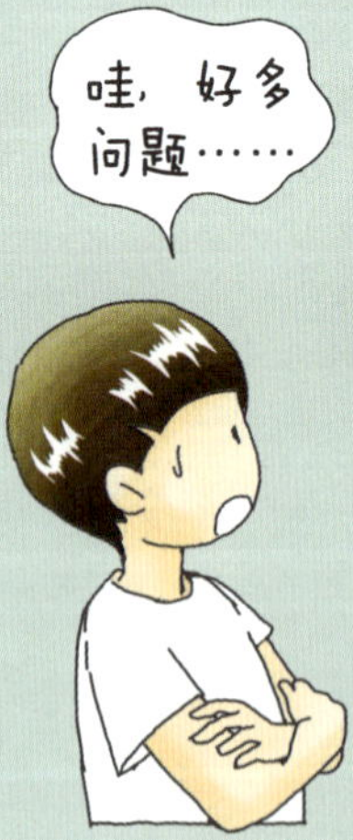

Q4 ～ Q9

快问！快答！

Q1

选什么风格？

你是否掉进了“风格陷阱”？

薇姐，我想请教一下装修风格的问题！北欧风、新中式风、和风、轻奢复古风、工业风……每种都不错，到底该选哪一种？真纠结！
小家，其实你已经掉进“风格陷阱”啦！别被它们束缚了！

风格是什么？

如果我说"香奈儿风格"，最先出现在你脑海中的是什么？

双"C"标志，山茶花，菱形格纹，多层珍珠，或者香奈儿五号香水——N°5？

N°5

所谓"风格"，是对标志要素组合的固化认知。

P.S.: 不好意思，这句话是逯薇说的……

你看

这儿有一把椅子：

第一个问题： 请问它是什么风格的？

把你的答案写下来：＿＿＿＿＿＿＿＿

第二个问题： 你认为它能搭配什么装修风格？

把你的答案写下来：＿＿＿＿＿＿＿＿

先把你的答案放在这儿。下面，咱们换个思路，从"要素"入手去解题！

全新思路！

用"吸管工具"吸出要素!

首先,想象我们手中有一支有魔力的"吸管"。

然后,试着用这支吸管,去吸出要搭配主体的颜值"要素"。

颜值要素

颜值要素至少包括:颜色、材料、形状、质感。具体可能不止这些,还有更多……

要素1	棕色皮革
要素2	柔和灰色
要素3	有机弧线
要素4	黑色线条

备注:有机弧线指富有弹性和生命力的优美曲线形态.

搭配的本质是协调，
协调的关键是重复。

如何给这把休闲椅搭配其他的家居饰品？
答案非常简单，你先别管它属于什么风格，
直接当选择题或判断题来做就好！

椅子A

搭配B

A的要素和B的要素，
重复一项，就"能搭"；
重复二项，就"很搭"。

选择题

要素1	棕色皮革	✓
要素2	柔和灰色	
要素3	有机弧线	✓
要素4	黑色线条	

第一个要素重复？——没问题！

要素 1 棕色皮革 ☑

挂饰
含棕色皮革要素

牛皮地毯
含棕色皮革要素

杂志架
含棕色皮革要素

第二个要素重复？——也可以！

要素 **2** 柔和灰色 ✓

挂画
含柔和
灰色要素

边几
含柔和灰色要素

窗帘
含柔和灰色要素

第三个要素重复？——妥妥的！

要素3 有机弧线 ☑

挂画
含有机弧线要素

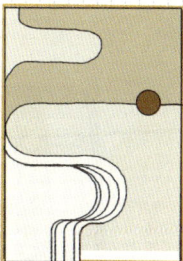

吊灯
含有机弧线要素

圆桌/花盆 含有机弧线要素

第四个要素重复？——行不行？

要素4 黑色线条 ☑

两把椅子，两种风格，能混搭吗？

YES？ NO？

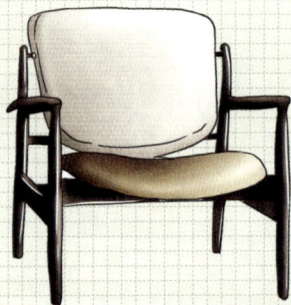

你是不是感觉有点儿困惑，很难判断"搭还是不搭"？别急——看看下一页！

同一要素只要在场景中**重复三次，重复三次，重复三次，**就能浑然一体！

3

连气质都基本同化了。

完美混搭，毫无压力！

现在，请你再次翻阅前几页，你会惊讶地发现，同一把椅子不同要素的组合，形成了4种截然不同的风格。

都能搭！

1 美式乡村风

2 简约欧式风

3 日系自然风

4 新中式风

?!

欸?

啊?

唔?

那……这把椅子到底是什么风格?

嘻嘻,我想很多读者在第6页可能都填对了,这把椅子属于"北欧风格"。它是被称为20世纪丹麦"现代设计运动领头羊"的设计大师芬·尤尔的作品,它被称为:"France Chair"(FJ136号椅)。

好玩吧? 一把北欧风格的椅子,通过"要素"匹配,完美搭配出4种其他风格!

选对搭配要素,打破风格约束!

3×3 要素搭配法

声明一点，在本篇中如无特殊说明，"3×3"中的"3"多指下限而非上限——大于或等于3都符合这条法则。

3次重复

三次重复构成统一感

同一场景
同一要素

3种载体

三种不一样的东西

逯薇
原创！

3重变化

统一中富有变化，
比如大中小不同，
前中后不同……

有点
意思！

3×3要素搭配法的原理，源自人类大脑为了简化视觉分析而产生的对于"整体感"的近乎强迫性的追求。在画面或空间中重复三次以上的"要素"，会被你的大脑自动"连连看"，比如下面这张著名的图形——你看到了不存在的三角形。因为你的大脑认为这样更"好看"。

三个？太复杂了！我不想费脑子！

索性视为一体吧。这样轻松多了！

容量有限

简化运算

Got it !

掌握了"要素三次重复"这一搭配秘诀，你会忽然发现，过去你觉得好看却不知道怎么学的那些家居美图，在一瞬间变成可以解读的状态，仿佛**开了天眼**一般！

你的大脑里自带一支"吸管"，面对任意一张美图时，都会马上吸取要素，并且自动完成同一要素的"连连看"！

连连看！

唛，别人的家真好看啊……不过这算什么风格呢，北欧风，工业风？总之先存图再说吧……

AFTER 连连看！

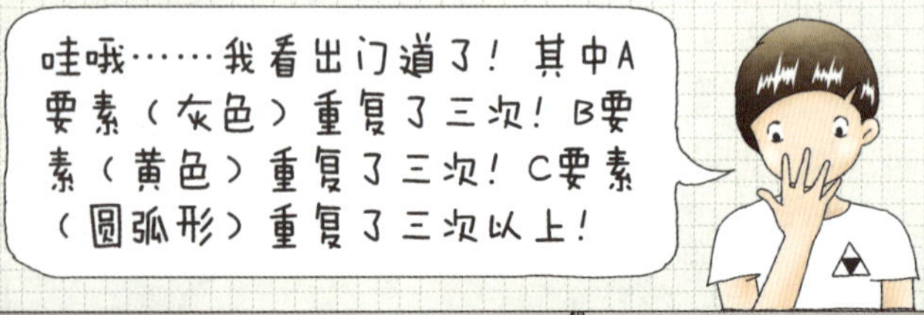
哇哦……我看出门道了！其中A要素（灰色）重复了三次！B要素（黄色）重复了三次！C要素（圆弧形）重复了三次以上！

C1
A1
B1
C2
A2
B2
C3
A3
B3

连连看！

习题一
- 要素1: _____
- 要素2: _____
- 要素3: _____

试着用铅笔把同一要素连起来吧！

参考答案：黑色/白色/几何图案/几何图案的饰品。

连连看！

习题二 {
- 要素1: ＿＿＿＿＿＿＿
- 要素2: ＿＿＿＿＿＿＿
- 要素3: ＿＿＿＿＿＿＿
}

这次，你一定了然于心了吧！

图片提供：好好住认证设计师@sweetrice

答案参考： 材料/蓝灰色调/几何风元素/ 线条感/黄铜。

要素重复三次！
要素重复三次！
要素重复三次！
我明白了！这么简单啊！马上按这个方法布置一下我家客厅！
包邮吗？
买买买！
即刻下单！
哎，你等会儿……我话还没说完！

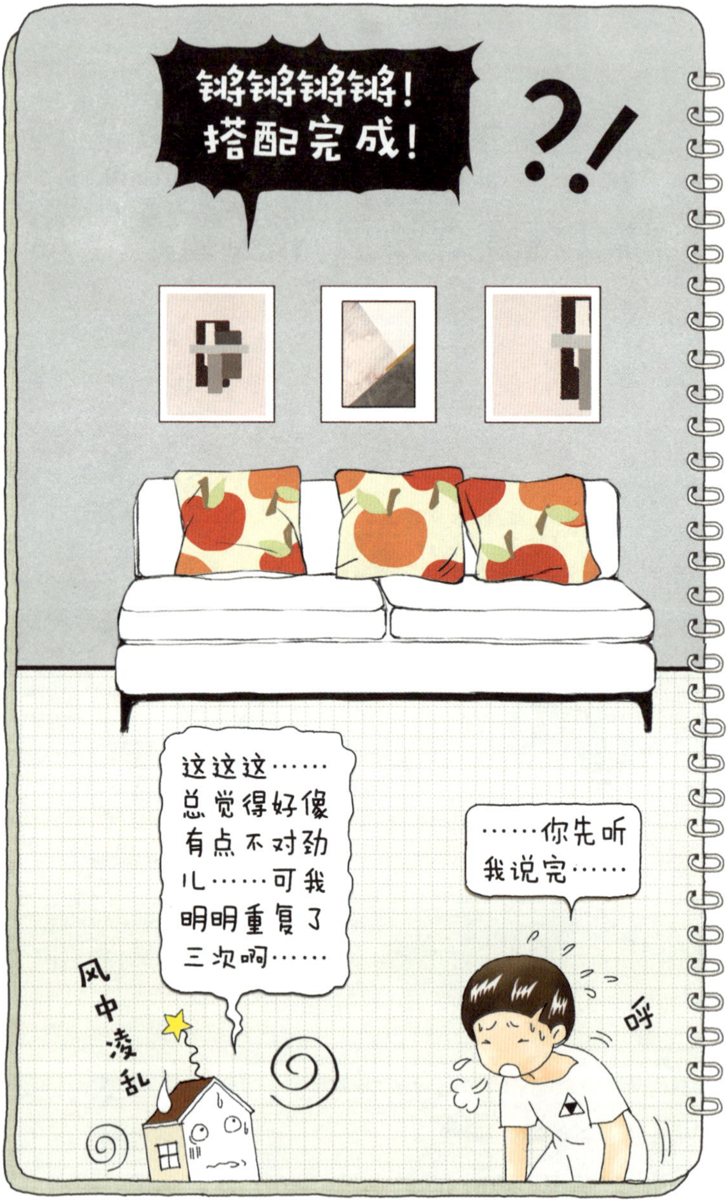
锵锵锵锵！
搭配完成！
?!
这这这……
总觉得好像
有点不对劲
儿……可我
明明重复了
三次啊……
……你先听
我说完……
风中凌乱
呼

三次重复，并非简单复制粘贴，
最关键的是——**多样统一**。

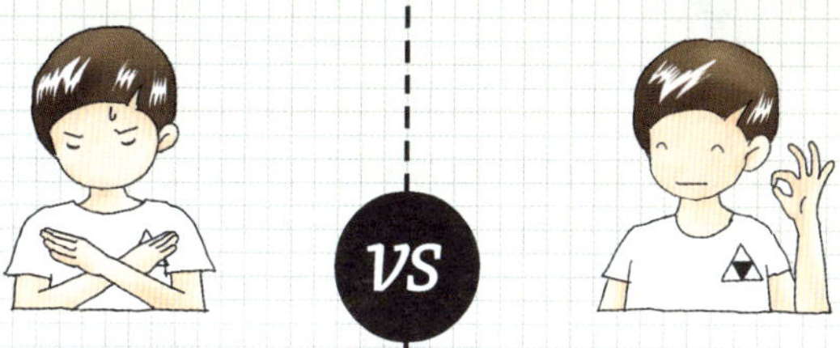

死板单一 VS **多样统一**

1

3

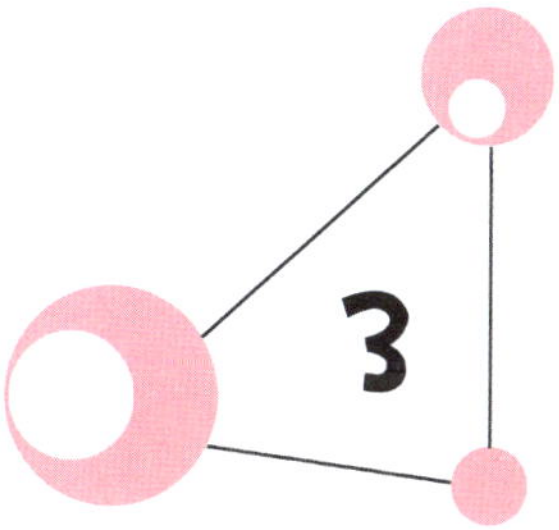

左图三个"重复"的要素，如同一串糖葫芦，会被你的大脑认为是"1"而非"3"，它们成为画面中一组孤立的存在，同而不和。

右图这三个大小不一、位置不同的要素，构成充满张力的三角形，将整个画面紧密联系在一起。在多样中实现统一，和而不同。

1.0版 局部1×3，无大局观

这是最最最常见的错误搭配方式——挂画是一组，沙发抱枕是另一组。无论颜色还是纹样，所有要素都只是"组内重复三次"，而两组之间毫无关联，无法形成整体感，场面杂乱！

中枪了……

A组

A1  A2  A3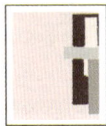

二组无关

B组

B1　B2　B3

→ **2.0版** 载体 3×3：一二三

换一组抱枕——看，这样是不是稍微好点了？粉色和灰色作为关键要素，在挂画和抱枕中均有体现，这使得上部的挂画和下部的沙发之间产生关联，不再是无关的两组物品，而是形成了整体感。

关联

→ **3.0版** 尺寸3x3：大中小

2.0版虽然不难看，但效果平庸。核心原因是3幅挂画和3个抱枕尺寸相当接近，呈均匀分布关系，这导致人们不知道该让视线停留在哪儿。在3.0版中，我们将大的放大，小的缩小，让同一要素不同载体的视觉面积有明显反差，于是画面形成了明确的视觉中心。

视觉中心

→ 4.0版 层次3x3：前中后

最后，加上边几、窗帘和地毯，让粉色和黑色细线元素在画面的前中后部均有所体现，首尾呼应，让整个空间显得精致而和谐。

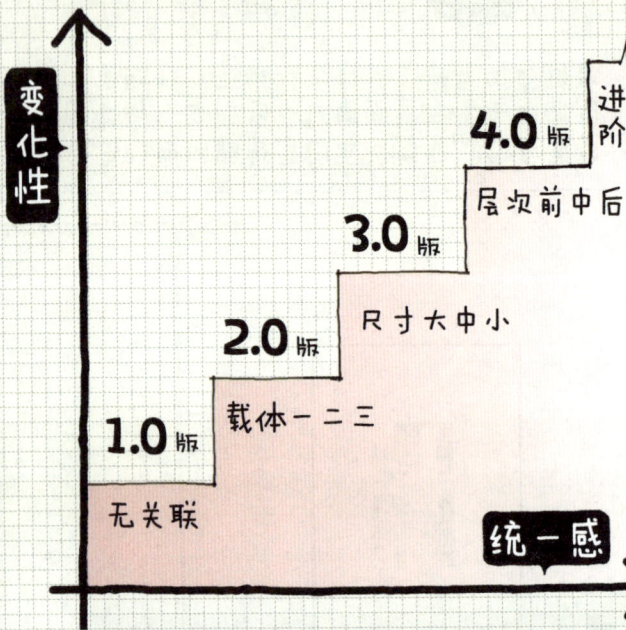

现在，你来看这张美图，是不是跟看19页的感受有所不同？——以其中暗红色要素为例，你的眼睛不仅能快速找出载体一二三，还能分辨它们的大中小、前中后……

真的！图片仿佛自动分层了！

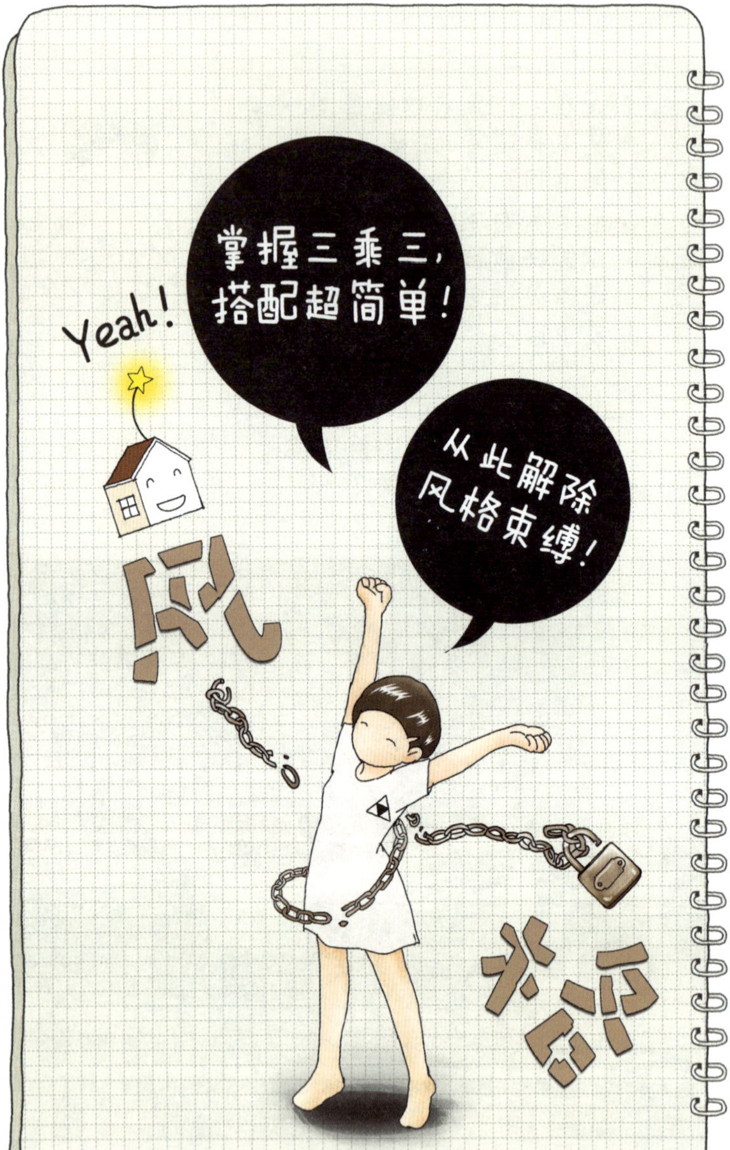
Yeah!
掌握三乘三，
搭配超简单！
从此解除
风格束缚！
风
格

Q2

该怎么配色？

像1+1一样简单的配色方法？

在3×3要素搭配法的各种"要素"中，色彩是最重要的要素。接下来我们来聊聊色彩搭配。

色彩搭配当然非常重要！但是我之前买了不少配色书，一翻开就是色相、饱和度、明度这些概念，对我这种小白来说，实在太太太难了！

薇姐，我只想要像1+1一样简单且零失败率的配色法！你有吗？

……有！不过在我介绍这个方法之前，你先回答我一个问题。

问 如果你要买一件预计穿**8年**的衣服，你会选下面哪一件？

A: 流行色的夹克衫

B: 花哨的潮牌T恤衫

C: 基础款的黑西服

让我想想

嗯……既然要穿这么久，还是**基础款**更可靠吧！毕竟流行元素过气很快，但做工好的白衬衫、黑西服这类单品，永远不会过时……

8年

其实，这件衣服就像是你的家……中国城市中小户型住宅，在过去40年间的平均装修周期就是8年。

如果一套白衬衫+黑西裤要穿8年，相信你一定会时不时选择不同的配饰——帽子、丝巾、包包、鞋子……让基础款服饰常穿常新，跨越潮流和时间的限制。

基础款
不变

+

小配饰
改变

↓

↓

家的硬装

家的软装

1+1
配色法

硬装底色

在左侧任选一个色系作为底色。

软装跳色

在右侧任选一款颜色作为点缀色。

黑白灰系

宝蓝

灰蓝

苔绿

大地色系

淡绿

+

灰粉

橘黄

明黄

小白初学配色，只背这4句就足够了！

硬装底色百搭款，
黑白大地是经典。
软装跳色三乘三，
三年一次常更换。

这就是最基础、零失败率的配色方法，如同1+1一样简单！等你熟练掌握后，再学习其他更高级、更复杂的配色法则也不迟。

1+1

配色法四步走

第一步

一张白纸

硬装底色百搭款，黑白大地是经典。

基础硬装材料（比如地板、墙壁、门、瓷砖等）以及定制柜、大件家具尽量都选择两大经典色系：

❶ 黑白灰系
❷ 大地色系

瓷砖

定制柜

第二步

木地板

木门

↓ **软装跳色三乘三**

在百搭的硬装底色基础上，加1~2种鲜艳的跳色打破沉闷。在软装配饰（比如窗帘、地毯、灯具、挂画等）上选用跳色时，采用3×3法则，体现深浅浓淡变化。

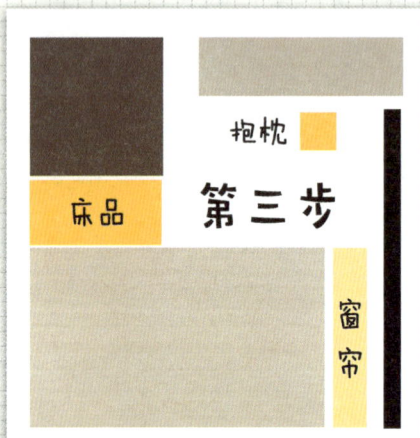

床品	第三步	抱枕

（图示：第三步，含床品、抱枕、窗帘配色色块）

↓ **三年一次常更换**

住几年后如果觉得审美疲劳，只需更换不同颜色的配饰，就可以让整个家焕然一新。

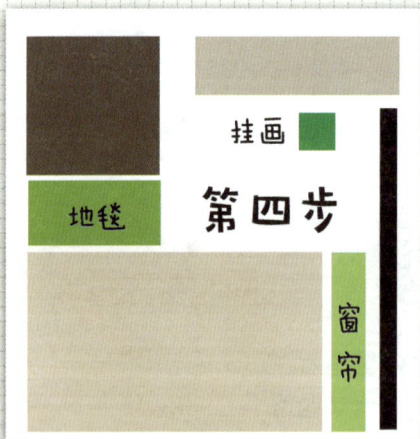

地毯	第四步	挂画

（图示：第四步，含地毯、挂画、窗帘配色色块）

1:  硬装黑白灰

灰色柜体　　　大理石墙体　　　混凝土

白色涂料

黑色踢脚线

灰白木纹地板

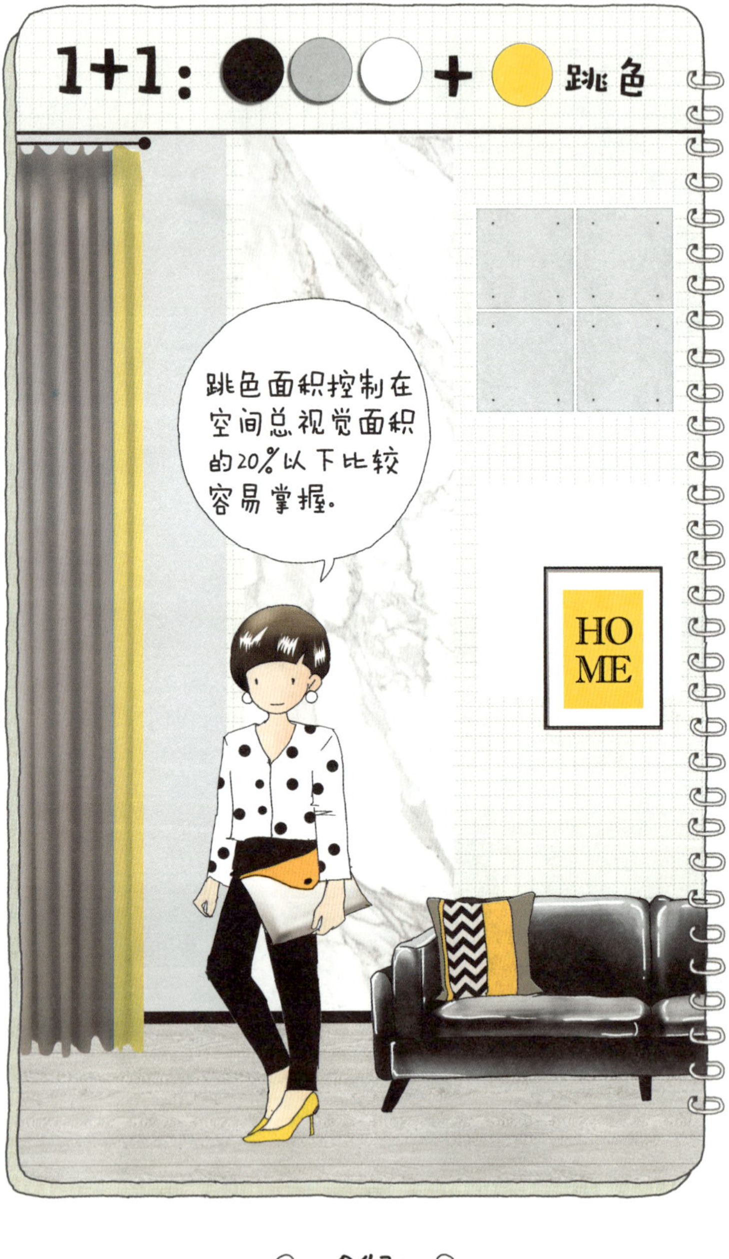
1+1：
+
跳色
跳色面积控制在空间总视觉面积的20%以下比较容易掌握。
HOME

1:

硬装大地色

米色墙体

茶色壁纸

木色：深中浅

棕色地板

1+1: ●●○ + ● 跳色

跳色，慎用于大件家具

这几年家居界流行浓墨重彩的配色
（比如墨绿色丝绒沙发），拍照特别
好看，让人看了不由得怦然心动，
分分钟想买！

12 800元！

复古！
优雅！
有腔调！

三年后

但我想提醒一点：
流行易逝，流行色
更易逝，沙发这类
"大件"，耗资不
菲又难更换。今年
流行墨绿色，但三
四年后呢？你确定
自己不会厌倦？真
能做到说扔就扔、
说换就换？

好想换成薰
衣草紫……
要不然铺个
沙发垫？

见异思迁

隔断帘200元

抱枕100元

灯罩100元

边桌200元

如果真喜欢墨绿色，不如用在小件配饰和布艺上吧！价格不高，更换也简单！

逢年过节的时候，花几百元换几件家居配饰，就能让小家焕然一新！

如果8年一成不变……

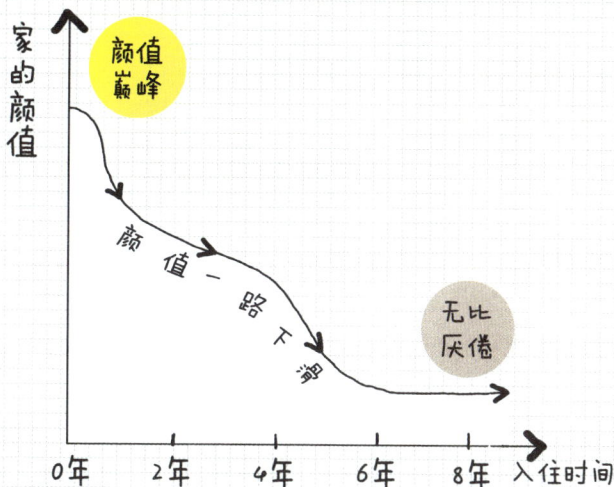

家的颜值

颜值巅峰

颜值一路下滑

无比厌倦

0年　2年　4年　6年　8年　入住时间

如果8年内持续改变……

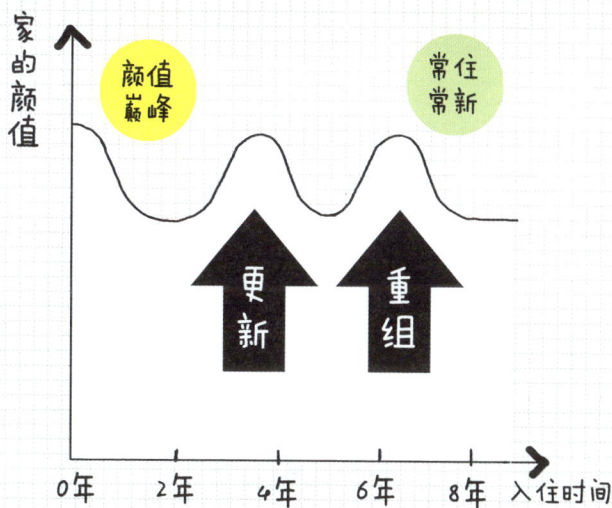

家的颜值

颜值巅峰

常住常新

更新

重组

0年　2年　4年　6年　8年　入住时间

所谓1+1配色法，本质上就是"中性色打底+同色系点缀"。无论是选择家居装饰，还是搭配服饰，它都是最简单的配色法。你掌握了吗？

真的不复杂哎！这绝对是我看过最简单的配色法了！不过，1+1配色法中，跳色只用一种，如果我希望家里再增加1~2种色彩，该怎么办？

学习要循序渐进，你掌握了1+1，就可以尝试1+2啦！下面我分享一下自己最喜欢用的搭配"快捷方式"——巧用画作配色法。

进阶技法
NEXT→

巧用画作配色法

这是一种很好玩的方法，就是利用画作（或摄影作品）来搭配自家的颜色——尤其对于学习搭配初期，脑子里尚无明确想法的小白来说，与其在无数美图中彷徨迷惘，不如先选一幅心爱的画，将它作为全屋搭配的"色彩压缩包"！

这幅毕加索的名画，运用了大面积的黑色、白色、蓝色，以及少量的绿色。

毕加索

《裸体、绿叶和半身像》

利用毕加索配色搭配自家客厅

把画（当然并不局限于大师名作。只要是自己
心爱的画或照片都可以！）保存在手机里，选
择家居单品时比一比，就能判断是否协调。
当你将这些单品最终组合在一起，并挂上这
幅画时，画与多样家居饰品之间就产生了
3×3式呼应，形成完美的整体感与协调感。

利用凡·高配色搭配自家卧室

凡·高
《星空下的咖啡馆》

STEP1：
选一幅卧室里的挂画

↓

STEP2：
提取画中2~3种颜色

↓

STEP3：
抱枕+盖毯色彩组合

嘿嘿，这种配色法真是"投机取巧"啊！初学搭配的小白，居然能在自己家中运用毕加索、凡·高这些艺术大师的配色成果！

正向反向，均可操作

牢记"画是全屋色彩的压缩包"这一基本逻辑。你可以先选画再买家居单品，也可以先搭配单品最后选画——前者是"解压缩"，后者是"压缩"。

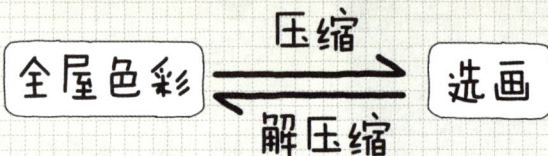

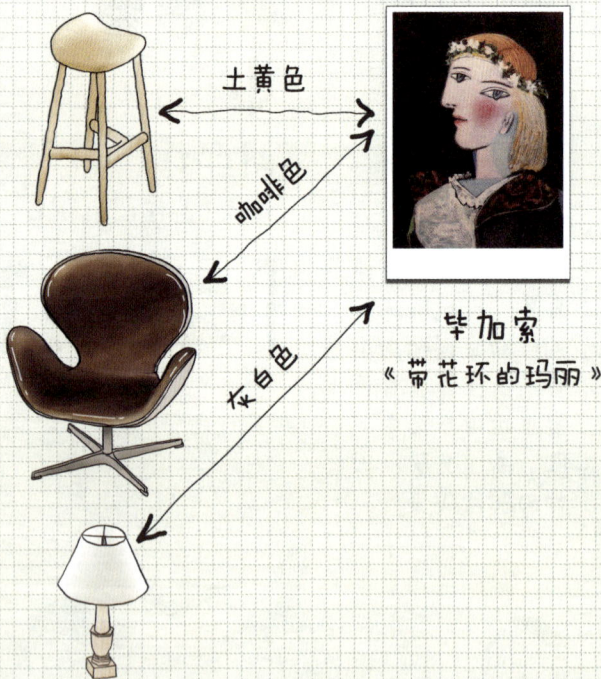

$$\text{全屋色彩} \underset{\text{解压缩}}{\overset{\text{压缩}}{\rightleftarrows}} \text{选画}$$

土黄色

咖啡色

大白色

毕加索
《带花环的玛丽》

DIY!

利用这个逻辑，你可以自己"做"画——别怕，不是让你像艺术家一样"作画"，而是做手工一般"做"画。

以儿童房为例：定制窗帘或床品时，请店家把布头送你，回家和孩子一起动手，将布剪成图案，熨平后用双面胶粘在相框的衬板上，再选择与墙壁或家具颜色接近的彩纸，剪成小动物或者花朵的形状嵌进去，就相当于把房间里的核心色彩"压缩"在这幅DIY的画里啦！

窗帘布头

波点床单布头

涂料同色彩纸

框

需要强调的是，画框非常重要，它会在很大程度上影响整幅画的气质和调性。画框（以及衬纸）的颜色、材质、造型，都可能成为搭配的核心"要素"，与全屋物品产生"3×3"式的关联。

埃贡·席勒速写

习题

试试看，"解压缩"这幅名画中的颜色，选择三样家具和配饰，用彩笔涂上相关颜色吧！如果家里有小孩，请和他/她一起玩这个游戏！

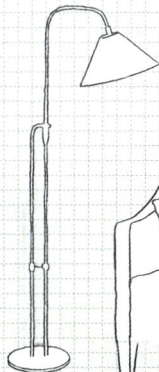

维米尔《戴珍珠耳环的少女》

Q3

要如何装饰？

下面我们来看
一封读者来信.

Q 新家如何装饰?

薇姐你好:

我家最近装修得差不多了, 我开始四处看
家具. 前几天买下了一组名牌的沙发和餐
桌椅, 在家具卖场里看起来颜值特别高.
但不知道为什么, 家具送到我家后, 摆在
客餐厅里却感觉比较单调. 我想可能是新
家还没装饰, 所以显得空荡荡的, 我是不
是该去买几幅画?

——读者: 困惑小白

嗯……的确是一个
很典型的问题呢!
先别急着买画, 咱
们先分析下为啥会
出现这个情况!

小白常见误区：重家具轻装饰

在装扮一个家的过程中，普通小白和专业达人的核心差异之一，在于精力分配的侧重点不同。

小白
重家具轻装饰

家具

装饰

VS

达人
重家具也重装饰

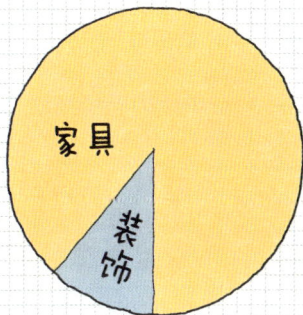

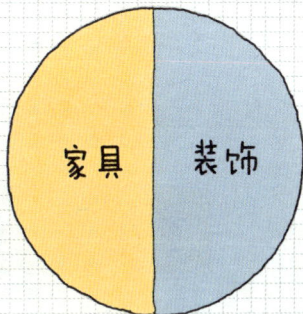

家具

装饰

装饰，可不只是挂幅画！

嗯……可我觉得家具比较重要啊。装饰不就是沙发后面挂幅画吗？

咱们先明确一下，这里所说的"装饰"，并不只是指挂画，而是包括了壁纸、窗帘、地毯、挂钟、灯具、盆栽等，它们既有实用功能，也让家变得更美！

这么多装饰物，我的关注重点要放在哪儿呢？

重点是一条线！

这条线叫作 视平线!

室内装饰是视觉艺术,对于人的视觉而言,最重要的高度是"视平线",即眼睛平视的高度。中国人的视平线平均值约150cm。这条线上方20cm、下方40cm的区域,是最"容易看"的高度,也是空间装饰的重点所在。

天花板 270

170

(150) - - - - - 视平线 - - -

110

后文如果没有特殊说明,"视平线"指的都是110~170cm黄色高度区域。

地面 0

(单位:cm)

下面教你一个极其简单粗暴又有效的搭配方法：

视平线组合法。 • • • • • •

STEP1

拿出手机，对着你准备装饰的空间拍张照。

咔嚓!

STEP2

用手机软件中的笔，在照片上画出视平线高度区的大致位置。

$H=150CM$

家具当然很重要，但是……

很多人会将80%的精力放在挑选家具上，为了选家具可以逛遍建材市场，翻遍网上商城，甚至跨越半个地球"海淘"。而一旦买好家具，就觉得这活儿差不多快结束了。

然后，再配个窗帘，在沙发后面挂幅画——这就算搞定啦!

>70cm

但是，大部分家具（除了大柜子以外）的高度，其实都在视平线下方。

150cm

床 100cm

桌椅 80cm

沙发 90cm

地面虽满，立面却空

下图中的这个客厅已摆好了沙发茶几，地面上基本已经满了。但立面视平线高度区（110cm~170cm）仍空空如也。整个客厅视觉效果相当寡淡。

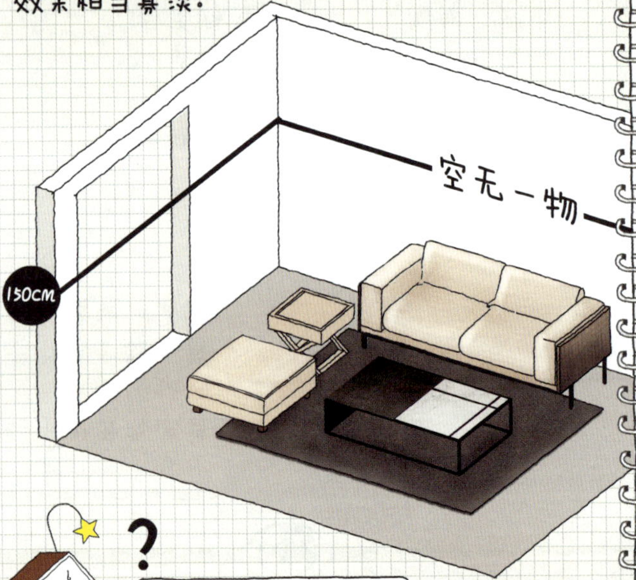

空无一物

150cm

那咋办？挂幅画？

哈哈哈！你又来了……挂幅画确实是一种方法，但并非唯一方法！

看，这样是不是完全不同了？

哇……看起来丰富多了！

150cm

数数

1, 2, 3, 4, 5, 6。

数一数，现在画面中，视平线高度区一共有几样东西？从左到右，植物、窗帘、高柜、混凝土壁纸、挂画、落地灯，合计6个。

搭配前：视平线高度区内容物——0个

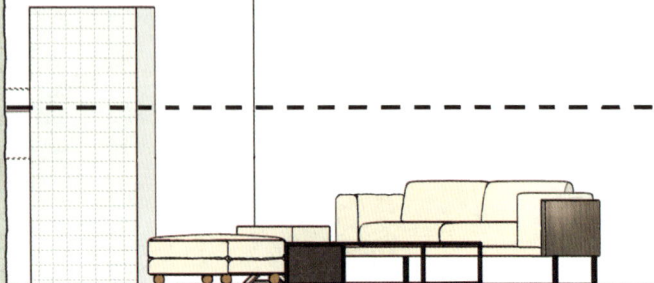

搭配后：视平线高度区内容物——6个

①②③④⑤⑥

搭配前，视平线上空空如也；
搭配后，视平线上琳琅满目！

吸睛元素 👁

我们将110~170cm视平线高度区内、具备功能性和装饰性的室内物品，统称为"吸睛元素"。显然，这个概念可能包含无数项目，如灯具、挂画、书架、钟表……

那也太多了……哪能记得住啊！薇姐，我脑子不好使啊！

别担心！咱记几个主力项目就好！

顺口溜

清晨开门七件事，柴米油盐酱醋茶。视平线上七个字，壁柜帘植摆灯画！

壁　　柜　　帘　　植

包括有明显
色彩或质感
的涂料墙
壁、壁纸、
饰面墙板、
软包等。

柜子书架等
大型家具,
给立面带来
细腻的虚实
变化。

窗帘、帷幔
和壁毯等,
是重要的搭
配元素,缓
和柔化空间
的冷硬感。

高大的室内
植物,带来
自然绿意。
较矮的植物
可以摆在边
桌或架上,
提升至视平
线高度。

•068•

摆　灯　画

装饰摆件种类繁多，大型的如落地屏风，小型的如相框、雕塑、花瓶、座钟等。

灯是光的载体，人会本能地被光吸引视线。落地灯、吊灯、壁灯、台灯都有机会进入视平线高度区。

包括画、壁饰、挂钟等。它们往往会成为空间的视觉中心。

数数看！

习题一

在视平线上，有哪些吸睛元素？

□壁 □柜 □帘 □植 □摆 □灯 □画

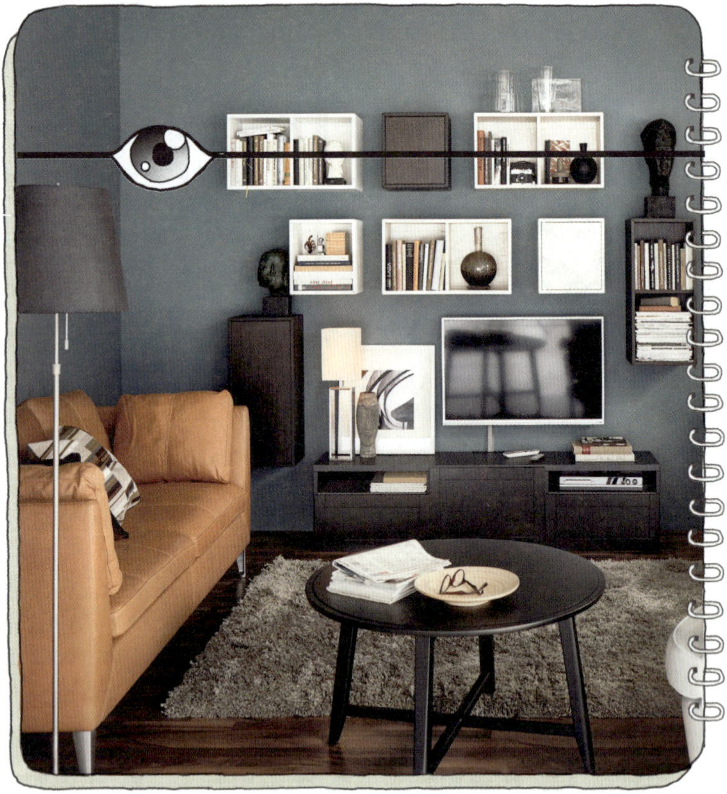

参考答案：壁、柜、摆、灯

（备注：墙上的搁架，我把它理解为“柜”。）

数数看！

在视平线上，有哪些吸睛元素？

☐ 壁　☐ 柜　☐ 帘　☐ 植　☐ 摆　☐ 灯　☐ 画

（提示：先后顺序并非固定，先看先得。）

参考答案：帘、壁、灯、画

视平线组合法

想要让乏味的空间变得生动丰富，装饰重点要放在视平线上！

第一条

◆空间主要视角的吸睛元素数量 ≥ **3个**

① - ② - ③

第二条

◆下列三个吸睛元素，至少选 **1个**

□摆　□灯　□画

第三条

◆至少2个吸睛元素匹配 **3 X 3** 法则.

习题三

现在，请你把书横过来。利用本书附赠的贴纸，在这间只摆了基本家具的卧室里，选择你喜欢的家具和配饰，用心装扮它吧！

玩吧!

除了这些贴纸, 你还
可以用自己的彩笔涂
鸦——放轻松, 自由
发挥吧!

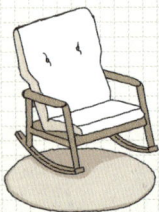

参考一

参考二

参考三

这三个是我的搭配组合，你的搭配是什么样的呢？

电子邮箱：jiaderongqi@163.com

快问！快答！

Q4 为啥我网上买的画挂起来不如卖家秀？

Q5 为啥我摆了装饰品但是效果不醒目？

Q6 如何避免所谓的"爸妈式搭配"？

Q7 我是租房族，怎么才能用一点钱快速改变小家？

Q8 厌倦了千篇一律的沙发背景墙，还有其他更有意义的做法吗？

Q9 行行行，原理我全懂了！能不能告诉我要怎么买？

Q4 为啥我网上买的画挂起来不如卖家秀?

答: 原因有可能是——**你买小了!**

你在网店购买组画或者照片墙商品，下单时往往会面临选择大小套餐的问题——大套餐的画尺寸大且数量多，价格会比小套餐贵不少。有人为了省钱而选择小套餐，也有人因为觉得"用不了这么大的"而选择小套餐。

大的好贵……
小的就够了吧?

热销款组合画

小套餐：250元

大套餐：360元

确定

买大?

买小?

卖家秀 画幅大、幅距小、效果饱满

感觉好小气啊……

买家秀 大打折扣！

幅距太大
尺寸太小
距地太高

幅距

如果一组画由多幅组合而成，挂画时，幅与幅的间距（幅距）务必要紧密，挂组画最忌**松散稀疏**。

◆ **二联或三联画：**

幅距小于画宽的 **1/5**，且一般不超过 **15CM**。

◆ **照片墙：**

最常用幅距是 **5CM**，
最宽不宜超过 **8CM**。

幅距足够紧密，才能营造出整体感。

距地高度及尺寸比例

常见的两个挂画位置是沙发后、床背后。
我们先看最基本、最安全的挂法。

距地 ➤ 150CM（中心线）

如果没有特殊需求，那么画的
中心应该在视平线150cm上下。

宽度 ➤ 0.8~1.0倍

组画的总宽度（含画与画之间的空隙），
以沙发或床的宽度的0.8 ~ 1.0倍为宜。
如果是单幅大张画，其尺寸不小于90cm x 90cm。

←— 0.8~1.0倍W —→

HOME ── 150CM

宽度W

以正常270cm净层高，210cm宽三人位沙发为例，常见挂画的组合，都大致符合 90cm高 × 180cm宽 的整体尺寸（图中虚线框）要求。

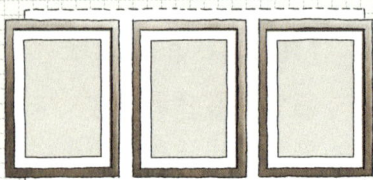

A 三联式

B 搁板式

C 五组式

180cm

90cm

答：原因有可能是——太小太杂！

以常见的斗柜为例，我拜访过的很多小家，都会在上面摆上满满一排小饰品。比如家庭照片、旅游纪念品、香熏蜡烛、小盆栽……

小而杂

虽然饰品摆了不少，但尺寸多在20cm以下，不引人注目。另外，台面上难免会随手放杯子之类的小物，日用品和装饰品大小差不多，混成一片。

要点一

要有尺寸≥40cm的吸睛主角

想要形成视觉中心，担纲"主角"的装饰品，其尺寸一般不能小于40cm，且必须到达视平线高度区。

主角

可以选择装饰画、挂钟、镜子、台灯等。既可以挂墙上，也可以摆在柜上。

≥ 40CM

视平线

舞台

要点二

一组饰品≥3个，三角构图法

3 这个神奇数字，在本篇出现了无数次。

第一饰品，即主角，尺寸≥40cm。

第二饰品，高度约为第一饰品的一半。

第三饰品，高度约为第二饰品的一半。

（当然不可能精准，体现大中小关系即可。）

除了这三个以外，多摆几个更小的也无妨。

最通用的摆法是三角构图法。

高颜值收纳

- 保温杯
- 充电器
- 打火机
- 小零碎

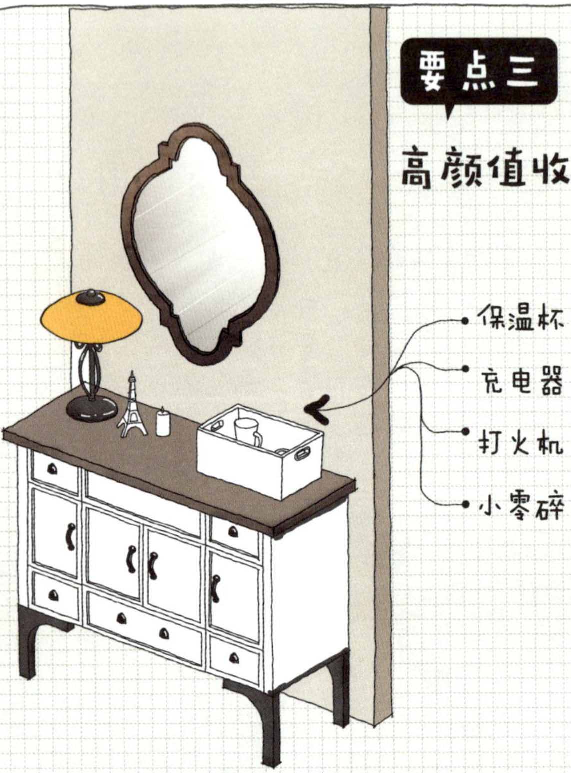

家是过日子的地方，台面上摆几件小零碎很正常。但如果你希望小家既美丽又容易收拾，那就得把日用品与装饰品分开来。台面上摆一个藤编篮作为杂物的临时收纳区，降低凌乱感。而高颜值的收纳容器，本身也是一件装饰品。

Q6 如何避免所谓的
"爸妈式搭配"？

答： 一定要避免——滥用花纹！

"爸妈式搭配"的美学精髓，在于
四面八方都被花的海洋包围：花壁
纸，花床单，花窗帘……

我头好
晕……

非专业级选手，慎用大面积图案和花纹！

慎重！

呼，总算可以正常呼吸了……

图案搭配九字箴言

小白按这个套路搭配是最安全的，基本上不会出大错。

在本页，你的视线是不是不由自主被吸向右下角的花儿？空间亦同理。

七分纯

如同买衣服一样，纯色永远比花色易搭。70%的空间采用纯色，后续搭配不费力。

二分纹

按20%的比例，在局部运用抽象的几何图案（条纹、方格、圆点等），让空间变得更活泼更有层次。

一点魂

存在感强烈的具象图案（比如人物、风景或花卉）会成为视觉中心。忌多忌杂，一点足矣！

我是租房族，怎么才能
用一点钱快速改变小家？

答： 建议你从**大面积织物**入手！

窗帘

床品

地毯

床品、窗帘、地毯这三
种织物，加起来约占一
个房间视觉面积的40%。
比起刷墙漆或换地板，
织物便宜且易更换，搬
家时还可以带走。

推荐一：
绗缝三件套

床上用品种类千千万万，我的最爱是"绗缝被"。所谓绗缝，就是双面棉布中夹薄棉，表面走线压出浮雕花样。它可以替代床单，或做床盖，春秋天还可兼作薄被子。质感偏硬，挺括不起皱，很耐用。在网店花300元左右能买到出口品质的"绗缝被三件套"，性价比超高。记得一定要买纯色！

> 不易起皱，
> 懒人专用！

推荐二：
IKEA 户外地毯

和难清洁、难打理的长毛绒地毯不同，IKEA的户外地毯表面几乎没什么绒毛（脚感一般，尚可接受），耐污易擦。有时候遇到门店打折，1.6m × 2.3m的一大块户外地毯，竟然只要100元不到，简直太适合组房一族了！

推荐三： 2.7m 通高窗帘

中国绝大多数商品房的净层高为2.6m~2.9m。窗帘布通用幅宽为2.7m。考虑到未来搬家后还继续使用这块窗帘的可能性，我建议你买窗帘时，做足2.7m高度。如果你这次租的房子用不到2.7m高的窗帘，不妨把底部多出来的部分先折缝起来。说不定下次就用到全高了。

> 窗帘高2.4m或2.7m，价格基本上一样哦！

> 抓钩式最通用。

2.7m

如果搬家后窗帘宽度不足，利用3×3法则缝上一块其他颜色的，反而搭配更有新意。

推荐四：朝天灯

最后，我建议你买一盏灯——更换织物可以改变房间40%的视觉面积，而更换一盏灯，它的光将改变房间100%的调性。

大多数出租房的照明，都是房顶正中间安一盏吸顶灯——白色的、直接的、无差别的光明亮刺眼，与"家"应有的温柔感相去甚远。而柔和的光，是由间接照明灯具产生的。

你可以试试朝天灯——它的光射向天花板再由墙漫反射下来。没那么明亮，气氛优雅而静谧。和"爆改出租屋"必备的网红款星星灯不同，朝天灯不是给你发朋友圈秀图用的，而是替代吸顶灯，为每个夜晚提供朦胧舒适的照明。

Q8 厌倦了千篇一律的沙发背景墙，还有其他更有意义的做法吗？

家是发挥想象力的地方。我曾经在一位居住者家里，看到非常有趣的做法，下面介绍一下，或许对你有启发！

沙发置物架？
挺普通啊……

哈哈，其实这个客厅的沙发背后，另有乾坤！

?!

这里居然藏了这么多东西！

一次性解决小家三大难题!

沙发旁原本乱糟糟的路由器、插线板和电线,这回全部收拾得干干净净.

大号旅行箱,一年最多只用一次,放哪儿都觉得碍事,这回总算有家啦!

置物架侧面安装USB插座,给手机充电不必再弯腰!

置物架本身构造很简单,
你可以根据自家沙发尺寸,
请家具公司帮忙定制。

> 宽度180cm(与沙发宽度接近)
> 高度75cm(比沙发靠背低5cm)
> 深度36cm(比旅行箱深度大2cm)

靠墙角

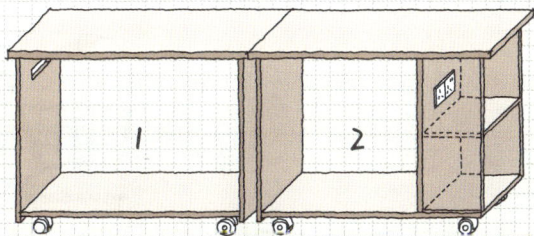

1　2

靠外侧

旅行箱　　插线板　路由器

> 沙发往前面一放,
> 视觉上瞬间清爽!
> 颜值收纳两不误!

Q9

行行行，原理我全懂了！
能不能告诉我要怎么买？

答：独家秘诀——空格搜索法！

薇姐，我已经掌握了你推荐的三种基本方法：3×3要素搭配法、1+1配色法、视平线组合法．我马上要开始买买买了！——这事儿有技巧吗？

哈哈

好吧！作为本章小结，特别附赠你最后一招：逯薇独家买买买秘诀！

搜索

当你基本选定小家的搭配要素和饰品组合后，只需要在网店的搜索栏里，按照"饰品+空格+要素"输入关键词，就可以快速找到你想要的东西了！

比如说，我们以"古铜"质感作为基本要素，来搜寻3~4种饰品。

台灯 古铜	搜索
花瓶 古铜	
挂画 古铜	
门把手 古铜	

All buy！（鳌拜！）

行动起来！

【碎碎念】

本篇分享的，是我对于"搭配"这件事的一些"土法炼钢"心得，在高手看来，或许贻笑大方吧！

身为一个建筑学专业毕业的理工女，我委实不具备学美术出身的设计师那种艺术敏锐度。无论是色彩组合还是饰品搭配，我都绝不是什么高手。

不过，从十几岁开始，作为中国应试教育体系培养出来的理工女，我一直很擅长"理性分析问题、自创解题套路"。无论考试也好、工作也好、搭配衣服也好、研究住宅也好，我都把它当成一道题，先网罗无数资料，然后是一通逻辑分析，自建一套实用性强的解题思路。最终成果必须达到以下五点——有步骤、有数据、有标准、可执行、易套用。

总而言之，越轻松越好，实操性越强越好。

搭配，其实很简单。
搭配，其实很好玩。 不难！

功能

PART2

能

四大难题

可分可合厨房

改造鸡肋飘窗

懒人洗衣阳台

三分离卫生间

重新定义

中国式厨房布局

中国式厨房，开放或封闭？

关于这个问题，有一组反差巨大的数据——网络上点赞率高的家居装修案例，至少50%采用了开放式厨房；而现实中，各大橱柜企业实际的成交数据显示，最多只有5%是开放式厨房。

网络案例开放比例 **50%** VS **5%** 实际成交开放比例

嗯……不难理解吧？网络上的装修案例分享者多为90后的年轻人。而实际成交数据覆盖的人群就广泛得多了！

说的是……身为一个上有老下有小，三代同堂的80后，我家就不敢选开放式……

自家小厨房，选哪种布局？

两年半前，当我拿到新家的户型图时，首先发愁的就是厨房的布局了——面积仅5m²，空间狭小，采光一般。

小阳台

厨房

儿童房

餐厅

主卧

老人房

客厅

南阳台

原户型

89m²
三房两卫

类似我家这种户型结构在华南、华东地区极为常见。

厨房和餐厅之间的墙并非承重墙，理论上可以打掉做开放式布局。但是——我真不够胆啊……

怕怕

开放式厨房，
想说爱你不容易！

中餐油烟大

我家三代同堂，平时老人做饭为主。父母辈炒菜讲究"锅气"，油烟怎么都免不了。虽然新家买了高配置的油烟机，但始终无法完全放心。

开放显凌乱

厨房是饱含生活气息的物品汇集处。如果墙体完全打开，从客厅就能一眼看到白色的蒜头、蓝色塑料盆、黄色海绵擦、水槽里还没洗的碗盘……唉，还真是有碍观瞻呢……

不爱社交

开放式厨房的一大加分项是"适合社交"。可惜这一点对我而言完全没有吸引力——我是个深度"社恐"患者，又不善厨艺。请一大群人来家吃饭这种情况，概率低到可以忽略不计……

近几年燃气部门管理严格，如果要在全开放厨房使用燃气烹饪，由于各地监管部门要求不同，沟通起来很麻烦。

不通燃气

好纠结啊……

虽然拜访别人家时，看到开放式厨房真的挺羡慕，也深知开放式的各种好处，可最后还是觉得……不太适合咱自己家啊！

封闭怕孤单，开放又怕油烟？

那怎么办？还是维持封闭式布局吗？

不，封闭式也不太好……这么小的厨房，憋屈又乏味，在里面做饭的人会很孤单吧？我还是希望能一边和家人交流一边做饭……

大姐……你到底想怎么样嘛！封闭又怕孤单、开放又怕油烟！能不能折中一下？

折中？——说得对！要不咱们把它做成**可分可合的**！

New idea!

厨房布局，并不是非黑即白！

封闭？
开放？

纠结的原因，是以为只能二选一。

封闭	开放

其实在黑白之间，还有 "灰" 色地带！

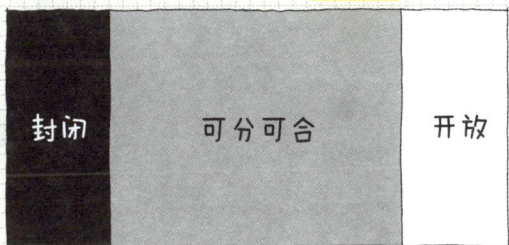

封闭	可分可合	开放

封
闭

可分可合

开
放

墙　　　窗　　　门　　　空

A　　　B　　　C　　　D

在"有墙"和"无墙"之间，我们还可以选
择"开窗"或者"移门"，一方面消除封闭
式厨房的孤单感，另一方面解决开放式厨房
的油烟困扰——想开就开，想关就关！

我选
B！

窗？

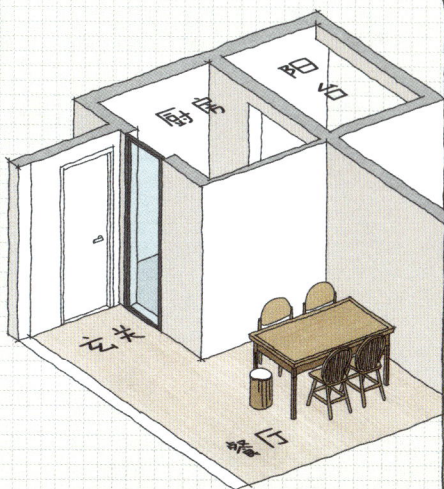

BEFORE
实墙

↓

AFTER
开窗

在餐厨之间的墙上开窗！

备注1: 餐厨之间墙体, 向餐厅方向挪动60cm;
备注2: 这道墙不是承重墙, 对结构安全无影响;
备注3: 厨房外小阳台有改动, 详见本书第192页。

窗的高度

低窗

优点：不影响吊柜
缺点：遮挡视线

备注：在这种情况下吊柜安装与否以天花板承重为准。

高窗

优点：明亮通透
缺点：无法做吊柜

我喜欢敞亮一点，就选了高窗！损失的吊柜收纳空间另外设法弥补。

窗的式样

160CM

40CM 40CM 40CM 40CM

110CM

15CM

比起现代感十足的黑框玻璃门窗，我更喜欢古拙怀旧的式样。

仿着小时候住过的平房木窗式样，请木工师傅做了4扇。刷上棕灰色的油漆，用黄铜的防风钩钩上。安了过去常见的水纹玻璃。木质窗台稍微探出15cm，方便传菜和放咖啡。

每次看到这扇窗，就想起我外婆的老宅……

厨房凌乱，窗台遮掩

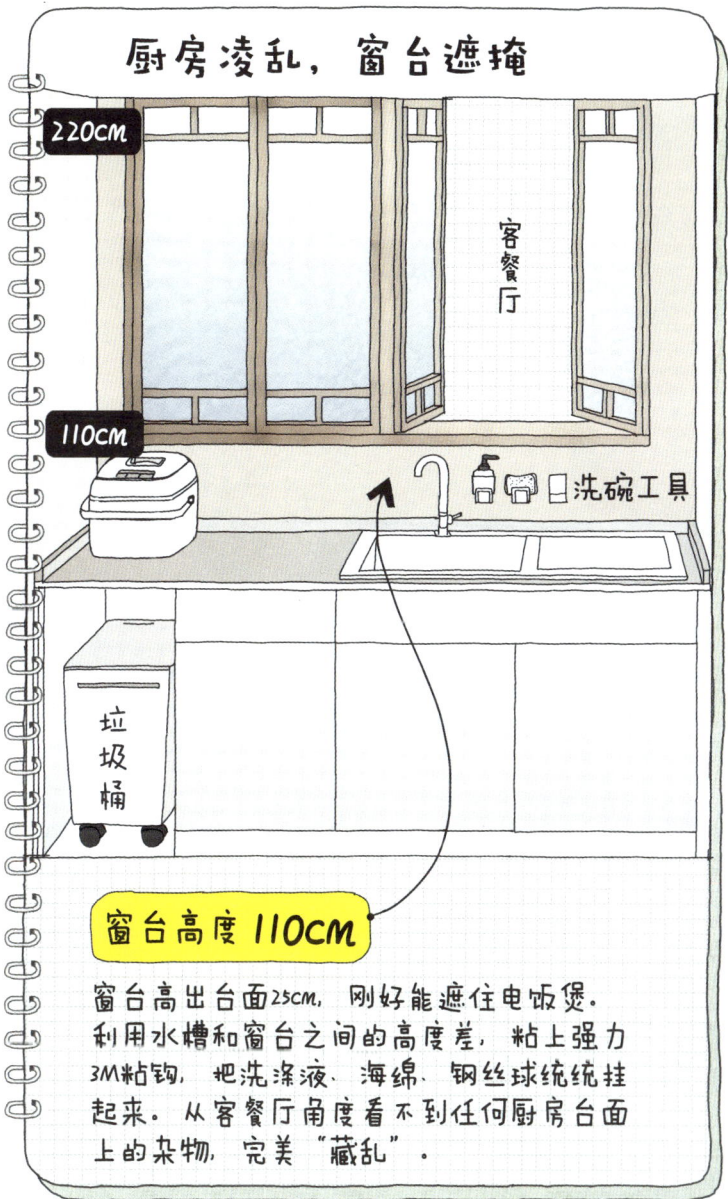

220cm

110cm

客餐厅

🧴🧽🧺 🗂️洗碗工具

垃圾桶

窗台高度 110CM

窗台高出台面25cm，刚好能遮住电饭煲。利用水槽和窗台之间的高度差，粘上强力3M粘钩，把洗涤液、海绵、钢丝球统统挂起来。从客餐厅角度看不到任何厨房台面上的杂物，完美"藏乱"。

开窗可聊天，关窗可隔烟

一共4扇窗，平日大部分时候都打开。在水槽处和备餐区忙碌的人，一抬头就可以跟客餐厅里的人聊几句，甚至还能斜斜眼看个电视。只有在炒菜的几分钟，才需要把窗虚掩上。

有烟状态

厨房

客餐厅

窗与风

我家户型原本不是南北通透的，厨房开窗带来了一个意外的好处——在客餐厅形成了穿堂风。

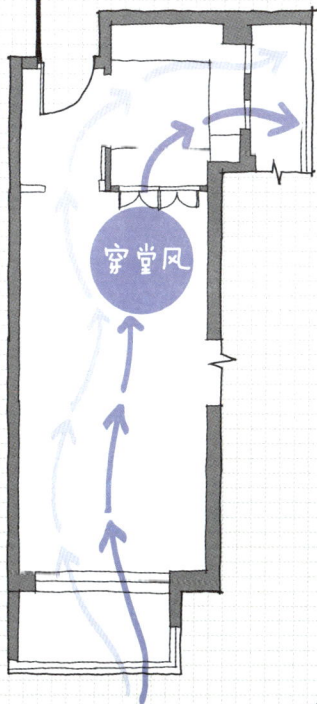

风呼呼吹

BEFORE

餐厅位于死角

AFTER

餐厅位于风口

死角

迂回风

穿堂风

餐厨共用吊扇

我家餐厅没安装常见的风扇灯，而是在厨房水槽上方安了一个颜值很高的小吊扇，扇叶对着餐桌方向。体量小巧，风力却大。春秋天在家吃饭时，不用开空调，开它就够了。厨房里热的话就关上窗户，风扇气流会被玻璃反弹回来。一个吊扇，管俩空间。

小风一吹，仿佛身处户外……

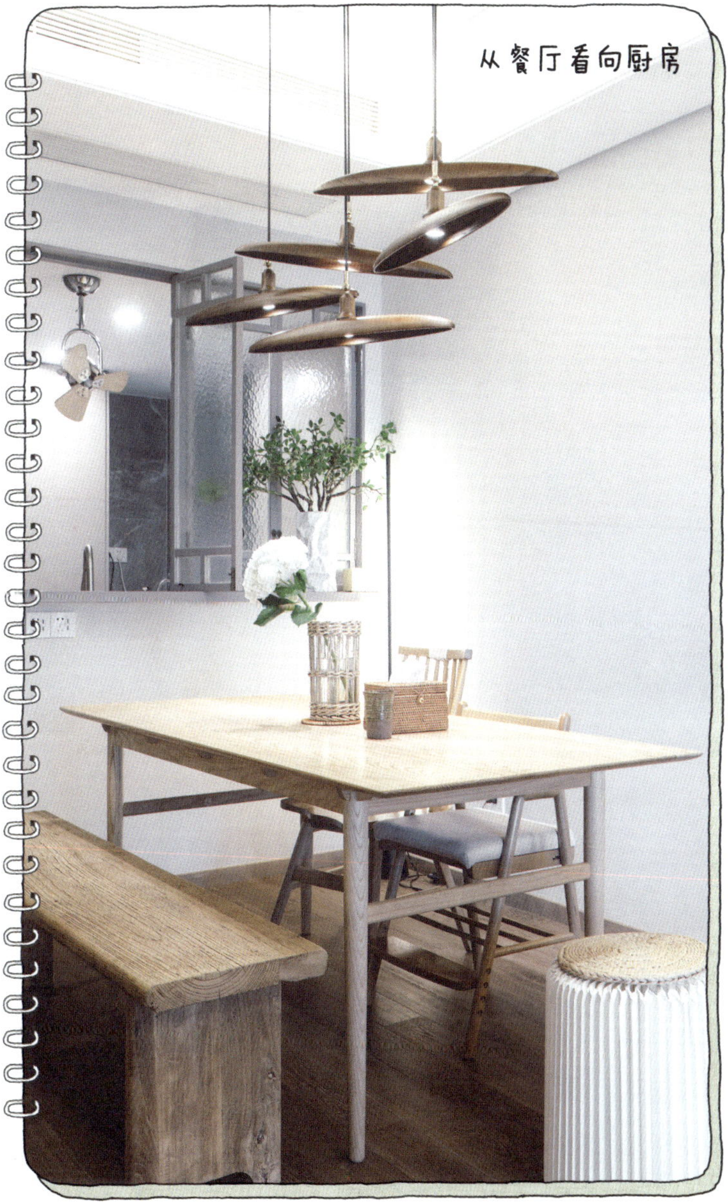
从餐厅看向厨房

从厨房看向餐厅

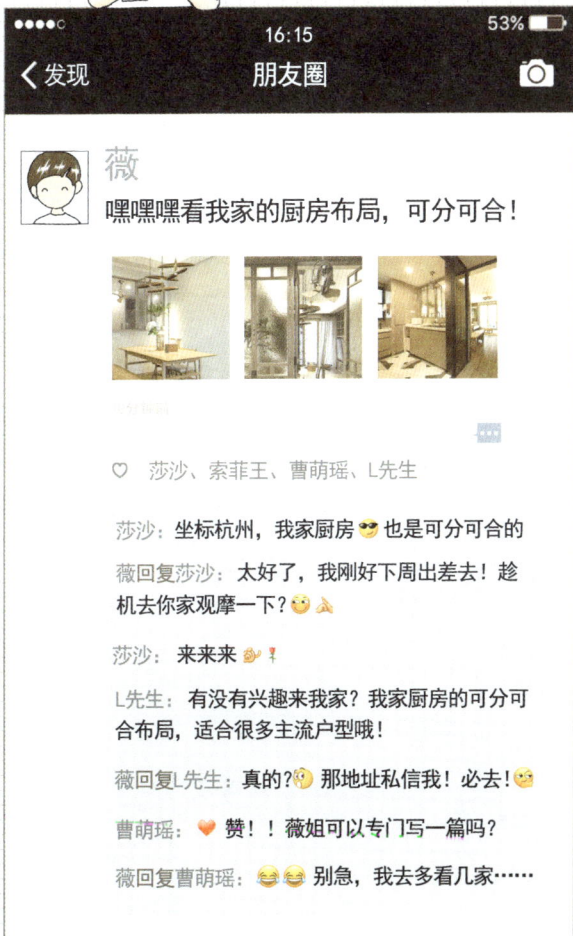

嘻嘻，拍了美照发朋友圈！

●●●●○　16:15　53%▮

< 发现　　　　朋友圈

薇
嘿嘿嘿看我家的厨房布局，可分可合！

♡　莎沙、索菲王、曹萌瑶、L先生

莎沙：坐标杭州，我家厨房😎也是可分可合的

薇回复莎沙：太好了，我刚好下周出差去！趁机去你家观摩一下🙄🙏

莎沙：来来来💃❗

L先生：有没有兴趣来我家？我家厨房的可分可合布局，适合很多主流户型哦！

薇回复L先生：真的？🤔那地址私信我！必去！🙂

曹萌瑶：💗赞！！薇姐可以专门写一篇吗？

薇回复曹萌瑶：😂😂别急，我去多看几家……

第二个厨房：莎沙的家

说来咱就来！莎沙，我到杭州啦！

好久不见，欢迎欢迎！

莎沙家的户型是江浙沪一带常见的板楼边单元，两间卧室朝南，客餐厅朝西。

100m² 三房两卫，住一家4口。大儿子8岁。小女儿2岁。

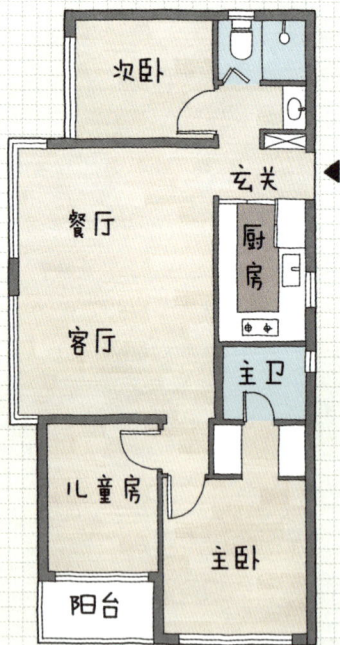

次卧

玄关

餐厅

厨房

客厅

主卫

儿童房

主卧

阳台

移门替代隔墙，小家豁然开朗

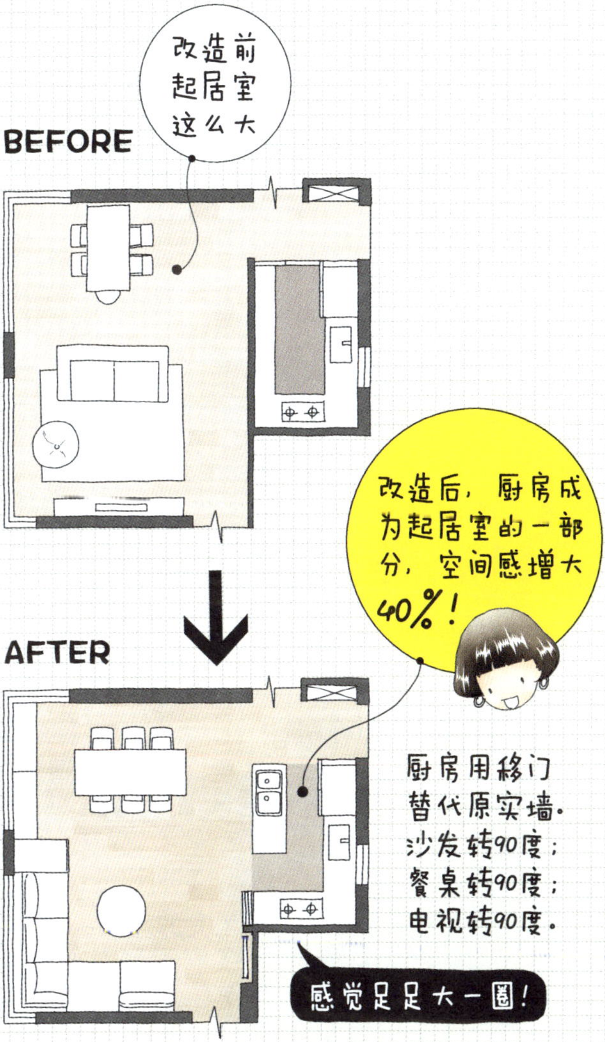

改造前
起居室
这么大

BEFORE

改造后，厨房成
为起居室的一部
分，空间感增大
40%！

AFTER

厨房用移门
替代原实墙·
沙发转90度；
餐桌转90度；
电视转90度·

感觉足足大一圈！

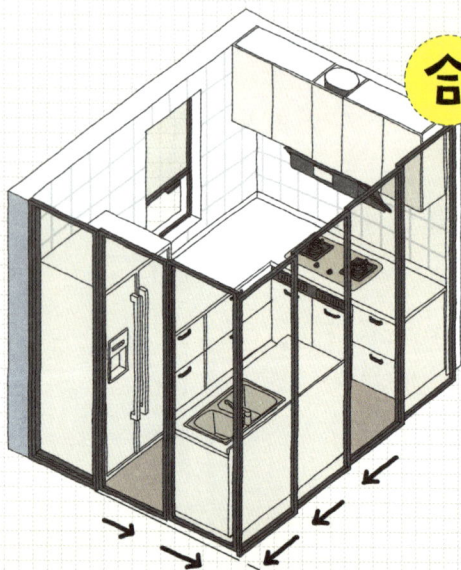

合

哇哦！

厨房原本只有一扇很小的采光窗，白天在不开灯的情况下几乎无法切菜。现在则是接近270度的采光面，通透敞亮！室内通风也改善了许多。

同时，取消了电视背景墙（因为很少看电视），把沙发横过来摆放，客餐厨三合一空间开阔感更强，聚拢感也更明显。

厨房与玄关、起居室之间,用7扇多轨移门替代隔墙,平时全打开,炒菜时拉上!

接着，在这个厨房里，
我测量到一个**惊人的数据**！

什么？！为什么两排橱柜之间的 ==走道宽度只有70cm==，比标准尺寸90cm足足窄了20cm，厨房却完全不显得局促？！

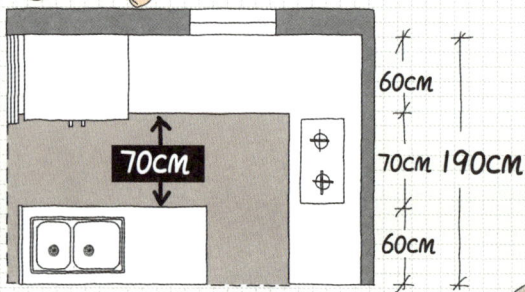

60cm

70cm 190cm

70CM

60cm

哈哈，如果是封闭式厨房，70cm的走道一定让人觉得憋屈，但通透的玻璃移门，大大拓展了人的空间感受！

我家厨房的净宽度尽管只有190cm，却实现了U型布局哦！

标准U型
厨房宽度 **210cm** ➡ **190cm** 莎莎家
U型厨房

水槽岛台形成迴游微动线

这个细节我很满意——厨房水槽柜扮演了 "迷你岛台" 的角色.

玄关进

客厅进

150CM

哇, 形成了迴游微动线! 两侧都可以进出, 好方便哦!

空间可分可合，台面可长可短

水槽柜侧面有个特别实用的小机关——可延展折叠台面。

逢年过节，亲友聚会，一人掌勺，几人帮忙，需要较大操作区时，这块可延展台面就派上大用场了！

可折叠支架

两组

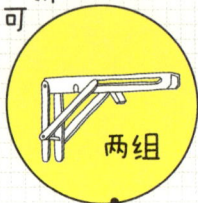

台面延展

真是花心思！

妈妈的船长室！

在老大小时候，我们住的老房子里的厨房是封闭式的，做饭时我要把婴儿车推到厨房门口，看着他才放心。现在带老二，做饭真是轻松多了——她在客厅里爬也好，坐也罢，始终都在我眼皮子底下，一切尽在掌握！

水槽的位置可以环顾全屋，相当于船长的驾驶舱！

敌情！

发现！

第三个厨房：L先生的家

下面出场的L先生，我要隆重介绍一下！他是我朋友圈里有名的生活达人，爱好众多，交友广泛，厨艺尤其棒！

其实只是一个没心没肺，没女朋友的单身狗……

L先生

80 m²
两房一卫

虽是一个人住，他却迷恋美食，喜欢做饭，也靠厨艺交了不少朋友。

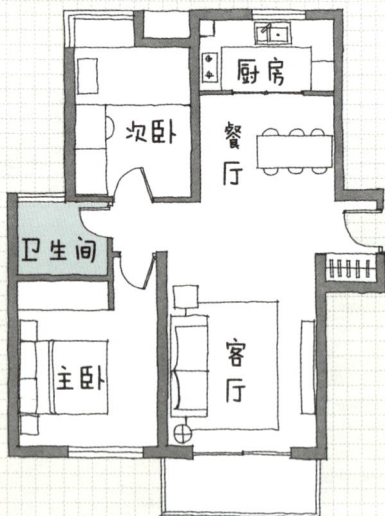

厨房

次卧

餐厅

卫生间

主卧

客厅

买房的时候，我的一大愿望就是拥有一个高水准的大厨房，周末邀请三五好友，一起做饭、吃喝、看球！

开发商做的厨房中规中矩，显然离我的预期有不小差距……

直到收房时，我才发现餐厅和厨房之间是轻质隔墙板，忽然想到，为啥不把两个空间合二为一呢？

BEFORE
餐厨分离

→

AFTER
餐厨合一

350CM

180CM
10CM
260CM

移门

350CM

450CM

移门

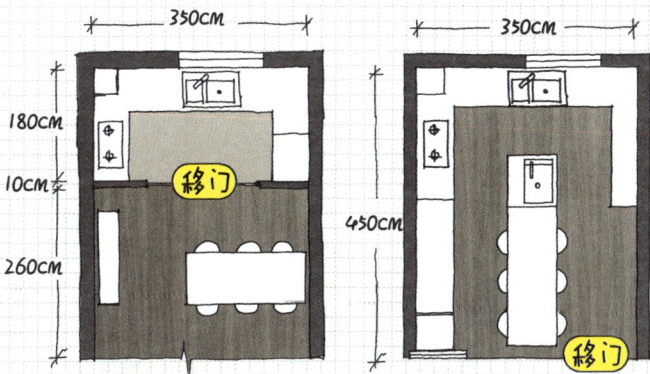

备注：铺木纹瓷砖

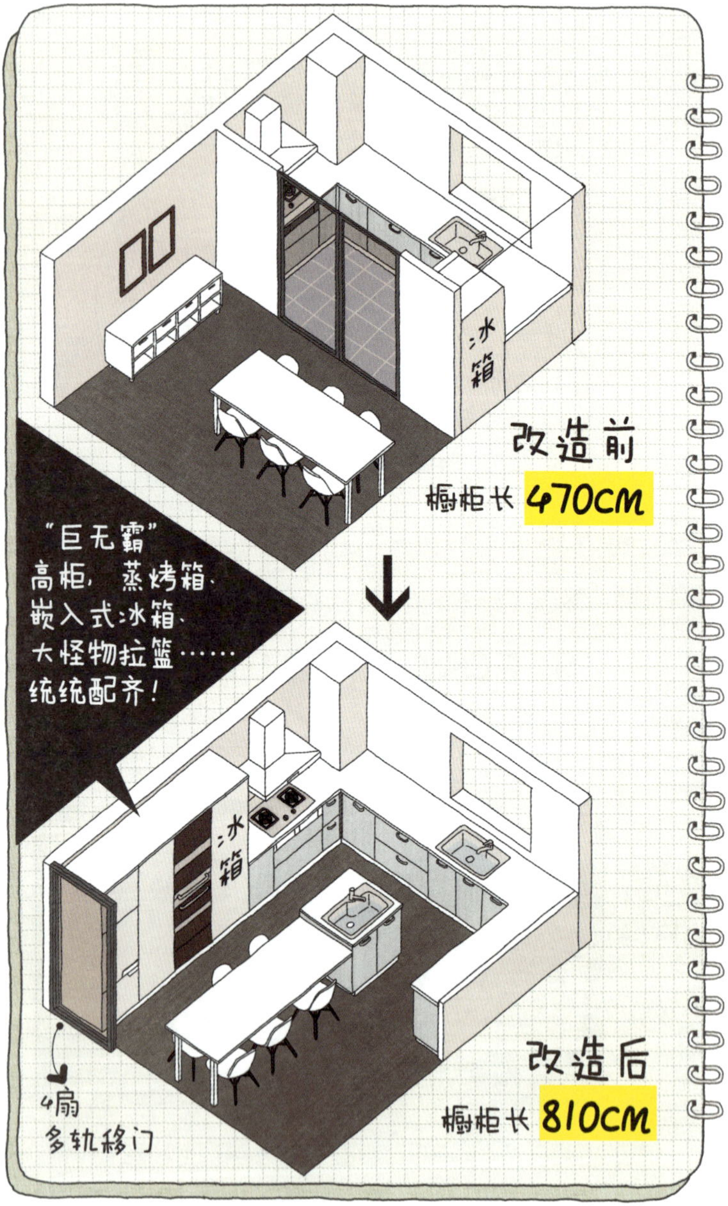

改造前
橱柜长 **470CM**

"巨无霸"
高柜、蒸烤箱、
嵌入式冰箱、
大怪物拉篮……
统统配齐！

冰箱

改造后
橱柜长 **810CM**

4扇
多轨移门

常做饭的朋友可能知道，如果要在短时间内做好几道菜，一个水槽又要用来洗锅，又要用来洗菜洗水果，会比较紧张。所以我在厨房中部又做了一个小岛台，安装了第二个水槽。

第二个水槽

变身操作台

在安装水槽时，我特意选了隐藏带盖板的款式，不用时水龙头可收缩变低，盖上不锈钢盖板，水槽就==秒变操作台了==！有了小岛台加大餐桌，包饺子或者烤披萨的时候，朋友们可以边做边吃，非常热闹。

我家的投影幕布安装的位置比较独特，不是在客厅沙发对面，而是吊挂在客厅和餐厅之间的天花板上，幕布正面朝着大长桌。朋友们一起坐在桌子旁看电影、看球赛，特别热闹。

干杯！

尤其是看世界杯，气氛好像酒吧一样，给力！

干杯！

厨房是心的疗愈所.

如果只是为了吃饭,
当然可以选择点外卖.

但我始终觉得,
做饭本身就是一种疗愈.

不管在外面加了多少次班,
背了多少次锅, 受了多少委屈,
只要煎一个蛋, 烫一份青菜,
配上热气腾腾的白米饭和紫菜汤,
就没有什么过不去的坎儿.

如果再有二三知己一起,
边做边吃, 畅所欲言,
人生如此, 夫复何求?

 注意！

讲完三个案例，我有一句非常重要的话要提醒你！

厨房分合只是手段，
人际交流才是目的。

无论是开窗、移门还是餐厨合一，都必须创造"交流中心"。

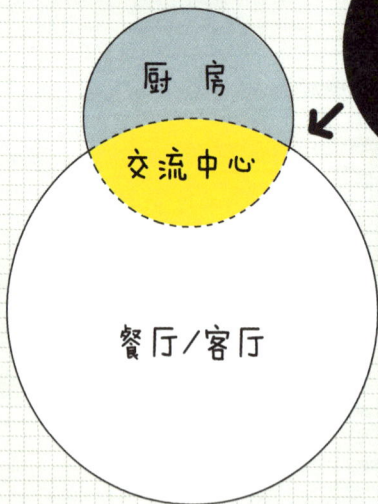

厨房

交流中心

餐厅/客厅

中厨外设西厨吧台

这种设计近年来颇为流行,
尤其在100 m²以上的住宅中很常见.
如果单纯从空间关系上分析,
西厨区域应该是"交流中心".

但我在做入户访谈时发现了一个问题:在大多数家庭里,西厨吧台的使用情况都**不如预期.**

为什么?
我想是因为西厨创造的**交流频率太低.**

交流频率低

如果你并非烘焙爱好者，却跟风做了中西厨，安了烤箱，那你家的西厨大概率上会沦为收纳柜……

使用中厨 使用西厨

8:2

装修时想象的"在吧台喝喝红酒"的浪漫场景，实际上一年到头也兑现不了几次。

80%的时间，做饭的人都在中厨忙碌，非但无法与客餐厅里的家人产生自然交流，反而彼此被阻隔得更远。

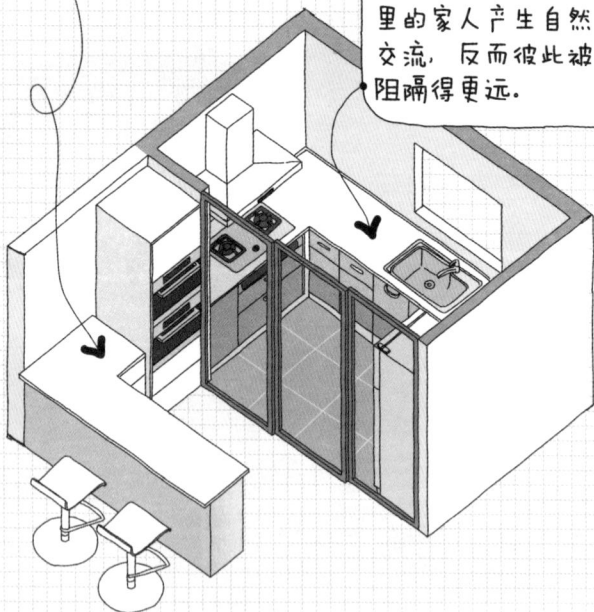

如何营造交流中心？
要把握三个关键词。

关键词1 柜台

问 下图中两个厨房采用了同等面积的玻璃移门，哪一个**交流效果更好**？

A

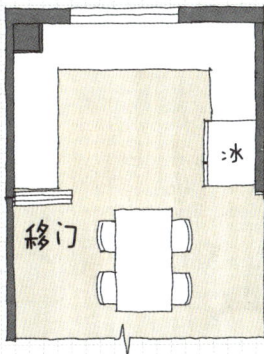

冰

移门

B

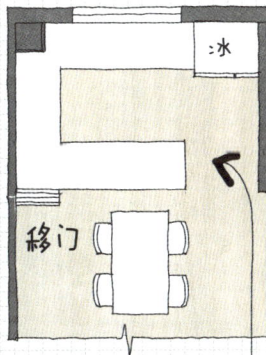

冰

移门

对于厨房A而言，无论移门多通透，能打开多大面积，厨房里的人始终都背对餐厅操作。虽然可分可合，却缺乏可交流的场景。

答案是B.

厨房B和餐厅之间有个"**柜台**"。

餐厨交流中心两侧的空间关系，
很像咖啡店的 "柜台".

柜台内侧是操作区，柜台外侧
是等候区。内外两侧的人，很
自然产生对视和对谈. 即使外
面的人不走进里面也没关系.
一次抬头. 一个微笑，都是积
极的交流.

> 有柜台，就有对视.
> 有对视，就有交流.

关键词2 水槽

问 下面两张图的餐厨之间都开了窗，哪一个的**交流效果更好**？

B1

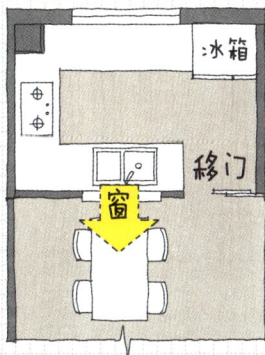

冰箱

移门

窗

B2

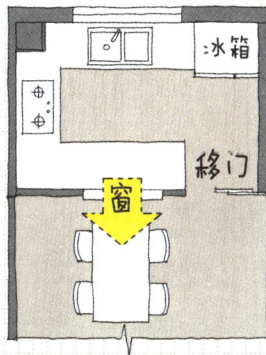

冰箱

移门

窗

答案是B1。

B1的"柜台"处是**水槽**。
B2的"柜台"处是置物台。

水槽最适合放在"柜台"

在烹饪基本流程"洗切炒"三个环节中，能让操作者一边手上做事，一边和旁边的人轻松聊天的，显然是"洗"和"切"环节，尤其是**洗**。以水槽为交流中心是最自然的做法。

B1 水槽朝里

从餐厅向"窗口"看进去，水槽前忙碌的人是面对家人的。

B2 水槽朝外

从餐厅向"窗口"看进去，水槽前忙碌的人是背对家人的。

问 下图的两张长餐台，哪一个的 **交流效果更好**？

C1

C2

答案是C2.

稳定坐姿，慎选吧台

如果你家的餐台与橱柜是一体的，那么一定要注意 **台面高度**！

橱柜台面高度多在85cm，这个高度对于普通坐姿而言明显偏高，只能作为吧台，搭配高脚椅。虽然外观洋气，但是人的坐姿并不稳定，由于后背无支撑力，脚不着地，很难舒适久坐。

85CM

如果希望和家人朋友以放松的姿态坐下来聊天，你需要将桌面的高度降低10cm左右，搭配舒适的靠背椅。

75CM

注意！

尤其当它是你家唯一的餐桌时，千万不要选高吧台加高脚凳这种组合！

小结

打造可分可合"交流厨房"，重点在于营造交流中心。掌握这三个关键词，让家人自然凝聚在一起！

可分可合厨房
交流中心＝柜台＋水槽＋稳坐

↓

本篇列举的三种"交流厨房"，都符合这条公式.

| 开窗式 | 移门式 | 餐厨合一式 |

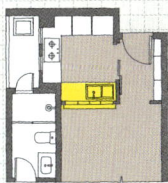
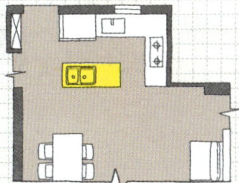
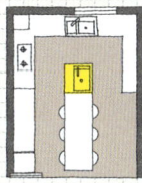

最后，我必须向老读者致歉：

《小家，越住越大2》的第025页，"面对面"厨房一图的水槽，并没有位于"交流界面"上。

我承认，两年前，自己在这个细节上的思考深度还不够。这两年来，随着入户调研的不断深入，我才进一步理解"水槽"位置的重要性。

希望亲爱的读者们能够谅解，也给我一个学习成长的机会。

惭愧，惭愧！

飘窗 利用难题？
终极版答疑

据说，每个人心中
都有一个浪漫的飘窗梦。

直到搬进新家坐上去的那天……

飘窗
梦碎！

搬进去才知道!

飘窗美图全靠**摆拍**……

网上常见的飘窗美图多是如此:沿窗边放一排松软靠枕,主人悠闲地坐于窗台上,或读书或品茶,一派岁月静好……

岁月静好

这种照片全是"照骗"!

不要上当

?

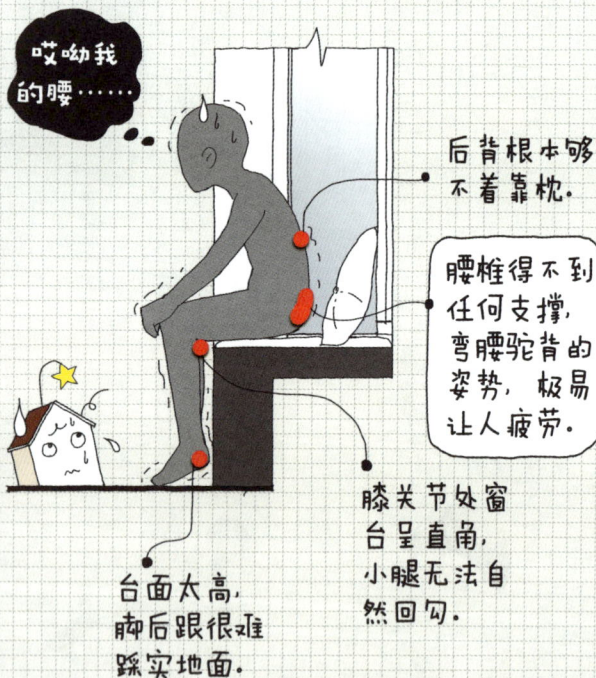

摆拍岁月静好，
实际拗断老腰！

努力憋笑

残酷真相是这样的……

哎呦我
的腰……

后背根本够
不着靠枕。

腰椎得不到
任何支撑，
弯腰驼背的
姿势，极易
让人疲劳。

膝关节处窗
台呈直角，
小腿无法自
然回勾。

台面太高，
脚后跟很难
踩实地面。

换个坐姿又如何？

既然坐飘窗外沿不舒服，那就换个姿势——整个人坐上窗台，背部倚着墙，这回总行了吧？

倚坐

斜倚着墙，坐在宽大的窗台上，俯视街道和车辆，感受时光荏苒，世事变迁……小小窗台，仿佛成为漂泊心灵停靠的港湾……

呵呵呵……心灵港湾？太天真了！

再一次说出残酷真相……

毒舌女人

嘴上心灵港湾，屁股感觉好酸！

屁股好酸痛啊……

硬邦邦的混凝土墙顶着肩，脖子前探，勉强支撑上半身。

腰部得不到支撑（靠枕的作用很小）。

身体重量几乎全部压在臀部和台面（甚至还铺着大理石）之间的小小接触点上。

腿无论弯曲还是放平都不太舒服，容易血流不畅，很快麻木。

有些飘窗是三面玻璃的……在距地面几十米的高空，让整个身体斜倚在玻璃上，少有人够这个胆儿吧？（自己体重多少，你心里难道真的没点数吗……）

恐高！

每个飘窗，最终都是这样——

理想是这样……

现实却是这样……

飘窗态度三部曲：
向往 → 质疑 → 唾弃

鸡肋！

只中看不中用！

不实用！

我把家里的飘窗全砸了。

无良奸商浪费空间！

奇葩设计！

我想敲掉，物业不让！

凭什么不能砸？

坐着太尴尬！

难道只能用来堆衣服吗？

全民质疑

Q1 开发商为啥做飘窗？

Q2 飘窗到底能不能砸？

Q3 飘窗究竟该怎么用？

Q1 开发商为啥做飘窗？

作为一个曾经在龙头地产企业工作十几年的地产建筑师，我先说说开发商为什么做飘窗。请各位读者先放下什么"奸商诡计"之类的被害者妄想之词，听听实情。

一方面，飘窗让房间看上去更大。

人的视线能到多远，房间就显得多大。和普通窗相比，外凸的飘窗能让房间看上去大一圈。尤其在小房间里，普通窗和飘窗二者带来的视觉差异相当明显。

普通窗 · **VS** · 飘窗

门 —— 视线终点

门 —— 视线终点

另一方面，飘窗不计入建筑面积。

空间高度低于2.2m的飘窗一般不计入建筑面积（当地有特殊规定的除外），因此也不计入总房款，是免费的附加空间。这对居住者来说当然是好事。

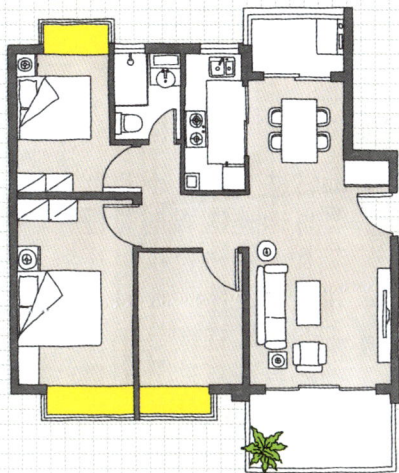

比如左图户型，三个卧室配三个飘窗，飘窗的投影面积合计约3m²。

如果按一线城市40 000元/m²的房价计算，空间价值超过100 000元！

飘窗既然是赠送的空间，能不能干脆砸掉重新利用呢？

好问题！你问到关键点啦。

Q2 飘窗到底能不能砸？

什么飘窗可以砸？ —— 假飘窗。

能砸掉的假飘窗，本质上是钻空子的"偷面积"做法。这些年，各地建筑规划管理部门对这类擦边球行为的监管越来越严，假飘窗越来越少。

什么飘窗不能砸？ —— 真飘窗。

事实上，飘窗的做法并不是由开发商决定的，而是需要当地建筑规划管理部门的审批。近年来有关部门为杜绝开发商偷面积，要求其做真飘窗，并对窗台结构形式、长宽高均提出详细要求（各城市细则不一）。真飘窗底部是悬空的，砸掉你家就透天了……

总体来说，中国式飘窗大致有5种，下面一一详述。

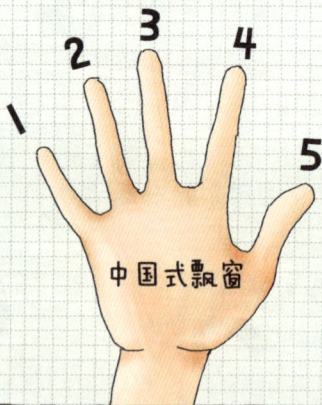

中国式飘窗

—— 158 ——

中国住宅五种飘窗剖面图

除了第一种，其他都不能砸！

1 假飘窗

逐渐叫停

窗台可以砸掉

假飘窗的飘窗台是非结构构造，可以完全砸掉，属于"偷面积"做法。近年来在一二线城市已被有关部门陆续叫停。

2 标准飘窗

绝对主流

窗台高约45CM

80%的中国住宅的飘窗，都是这类标准型：窗台距地高度约45CM，台面深度约60CM。后文主要讨论对这一类飘窗的利用。

这两种比较少见，呈地域性分布，相对容易利用。

不普遍

窗台下部落地

3 落地飘窗

这种多见于珠三角地区的城市。飘窗直接落地，可以作为室内空间正常使用。但上部梁很低，显得比较压抑。

不普遍

窗台高约20cm

4 低台飘窗

相当少见，仅在长三角地区的个别城市有。它的窗台距地20~30cm，人坐上去脚能着地，很容易改造成飘窗沙发或者休闲地台。

5 超高飘窗

还有一种飘窗，窗台高达80cm甚至更高，若买到，那真不走运啊！在多数情况下，这是建筑师"手抖"造成的设计缺陷……

比如我以前住的房子，儿童房的飘窗台竟然高达120cm，每次得像猴子一样爬上去关窗时，我都在心里怒骂设计师一百遍啊一百遍！

运气不佳

窗台高得离谱

对号入座

- ☐ 假飘窗
- ☐ 标准飘窗
- ☐ 落地飘窗
- ☐ 低台飘窗
- ☐ 超高飘窗

你家是这5类中的哪种？

真多……

Q3 飘窗究竟该怎么用？

接下来我们以最主流的**标准飘窗**为例，聊聊如何利用飘窗。

> 如何改造才能完美利用呢？

> 没有完美改造方案哦，任何事物都有两面性！

飘窗本就是不计入建筑面积的空间。如果你的房间很大，根本不缺这点空间，那你不必强行改造。如果你家面积实在紧张，必须改造飘窗作为功能空间，那你就要同时接受日后可能存在的问题，比如日晒、飘雨、关窗困难等。

权衡利弊，决定权在你。

第 **1** 种改造
飘窗改软座

看起来很惬意的飘窗,
为何坐起来不舒服?

"坐"这个再寻常不过
的人体姿势,看似简单
实则不然。想要拥有舒
适稳定的坐姿,座位或
座椅的设计必须遵循人
体工学原理。

坐,关键是**座**!

座 坐姿轻松的4个要点：

1 靠背
靠背必不可少，建议倾角为110度。

110°

2 座面
座面软硬适中，略微后倾防止臀部前滑。

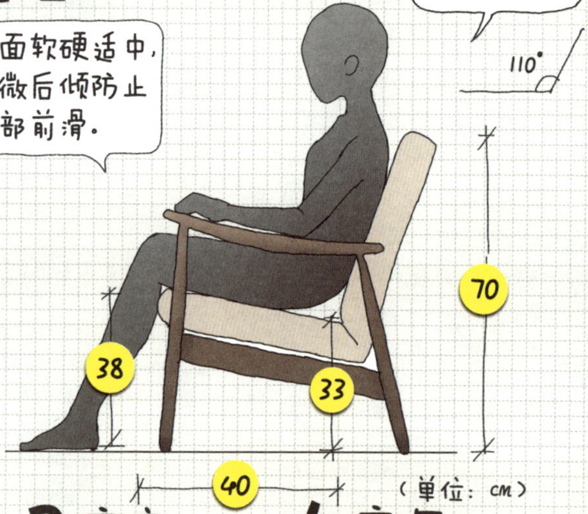

70

38

33

40

（单位：cm）

3 座高
合适的座面高度，过高则脚不着地，姿势不稳难久坐。

4 座深
合适的座面深度，过深会导致膝盖下方血管受压，腿麻。

备注：上图参考数据来自芬·尤尔设计的休闲椅。

座 坐姿轻松的关键算式：

前页数据太多，有点记不住？别担心。记住这个关键算式，就能解决大半问题！

A+B+C = 110~120cm

这个算式适用于大部分休闲椅的设计。你平时买家具时也可作为参考。

第一步：给飘窗加可靠靠背A

在飘窗上坐不踏实，因为玻璃"不可靠"——身体没法靠，心理上自然觉得不可靠。

因此，改造的第一步就是在玻璃前加上稳固舒适的靠背，让身心都"可靠"。

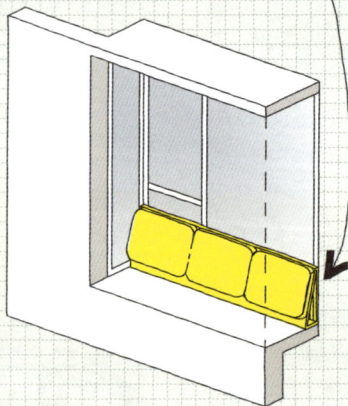

4cm厚软包

45CM

15CM

与台面牢牢固定

椅背建议采用木质板材，做成如图三角形。正面包覆4cm厚的软包。三角形底边需牢牢固定在飘窗台面上（必要时背后加金属架支撑）。

备注 增加实体靠背后，窗户采光会受一定影响，不过整体问题不大。

第二步：给飘窗加舒适座面B

想要坐得舒适惬意，软硬适中的海绵座面必不可少。硬座（石材或木质台面），是无法让人久坐的。

为了避免身体下滑，座面不宜为水平状，而要略向内倾斜。

怎么才能内倾？其实很简单：只要在飘窗台前沿安一根5cm高的木条，就能把座面"垫"成倾斜形态（座面上要另做5cm左右厚的海绵垫）。

5cm高木条　座面木板

要软座，不要硬座！

不过，座面内倾并加上软垫后，飘窗的座面前边缘变得更高，超过54cm，对于人的舒适坐姿而言，这个数值显然太高了。

54CM

座面过高会导致两个问题：一是双脚无法落地，坐姿不稳；二是膝盖背面的腘窝会受到压迫，此处皮肤很薄且有着丰富的血管和神经，一旦受压就很容易产生麻木感。

腘窝受压

无法落地

这咋整？

?

第三步：抬高踏面降低座高C

换个思路解题！既然座面高度不能降低，那不如**抬高踏面！**

对于飘窗改造而言，这最后一步至关重要——在窗前增设小脚踏或地台，将座面和踏面二者的相对高度降低至36CM左右。

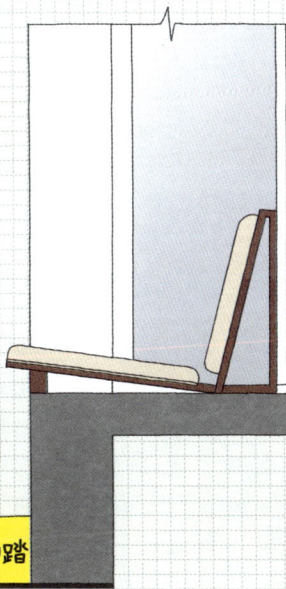

UP! 36CM

地台/脚踏

脚踏让坐姿变轻松

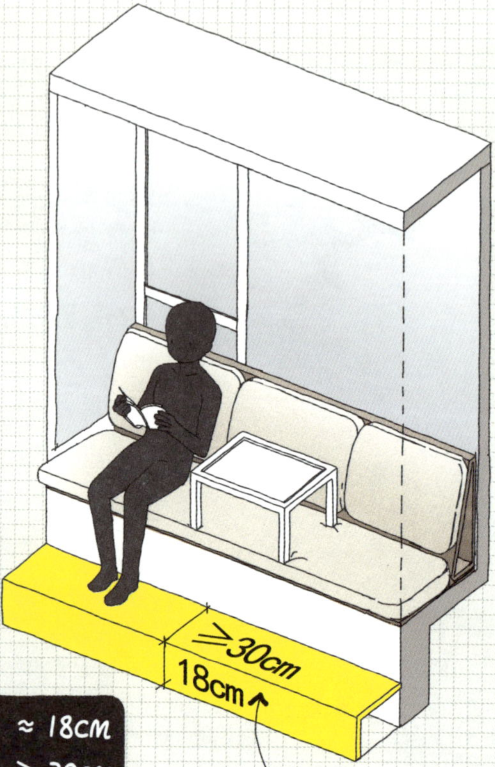

≥30cm

18cm↑

高度 ≈ 18cm
宽度 ≥ 30cm

• 可以是地台

• 也可以是脚踏

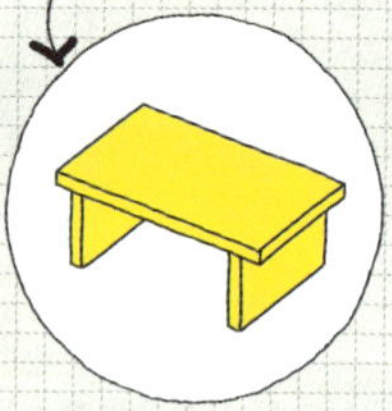

在满足上述数值的基础上，踏面的具体形式可以根据飘窗所在位置和空间条件灵活调整。你既可以将飘窗前整块地面抬起加宽，做成地台，也可以放一个小脚踏，灵活又不碍事。

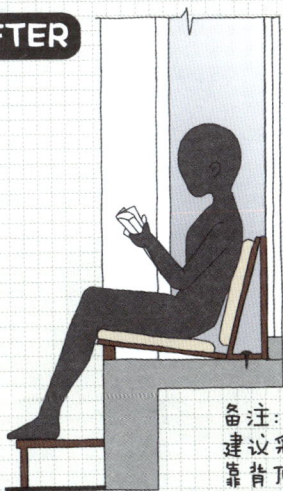

BEFORE

AFTER

改造三步走

1 可靠靠背

2 舒适座面

3 地台脚踏

↓

飘窗变身舒适软座！

备注：靠背会影响窗帘的开合，建议采用百叶窗帘，窗帘底部到靠背顶部即可。

应用场景之一： 小客厅

在中国，客厅带飘窗的户型相对少见。不过如果你家刚好是这样，那么恭喜你！这种飘窗非常适合改成软座，而你家的小客厅也会因此变得既时髦又有活力，感觉上空间扩大一圈。

飘窗软座加地台，绝对比沙发更聚人气！

小主卧

中国多数小户型的主卧室，摆完衣柜、床和床头柜，差不多就满了。想再放一组休闲沙发，基本是没可能了。

但是，如果家里有老有小，男女主人一定会希望在主卧里有个相对私密的聊天区，两人忙完一整天的工作和家事后，关起房门聊聊天。那小主卧里唯一还有改造机会的，恐怕就是飘窗了……

> 属于两个人的安静角落……

我有点心动啦！小主卧里的聊天区，对三代同堂的小家来说真是直击痛点！

不过你要注意一点：飘窗改软座，并不适合北方采暖区，因为窗户冷凝水可能造成发霉问题。

哦……那飘窗还有其他改造方式吗？

当然有。下面我们再看两种更简单的改造方式！

2 飘窗改书桌

3 飘窗改榻榻米

第2种改造
飘窗改书桌

飘窗虽鸡肋，采光却很好。因此，一个很容易想到的改造方式，就是加高台面变桌子。

理论上来说，只要再加上抽屉、加上桌面，飘窗就能变成书桌，似乎很简单吧？

BEFORE → AFTER

但是！

理论上虽不复杂，实际上却很容易做错！

错误示范

下图是最常见的错误做法：
新增加的桌子部分与下部墙体深度相同，直上直下。当人坐在桌前时，完全无处放腿。专业术语叫作**缺乏容腿空间**。

哈哈！

难道要盘腿坐椅子上？

飘窗改桌子，4个关键值

一方面，要保证人的坐姿舒适；
另一方面，不能妨碍窗帘滑动。
改造的关键，就是以下4个数字！

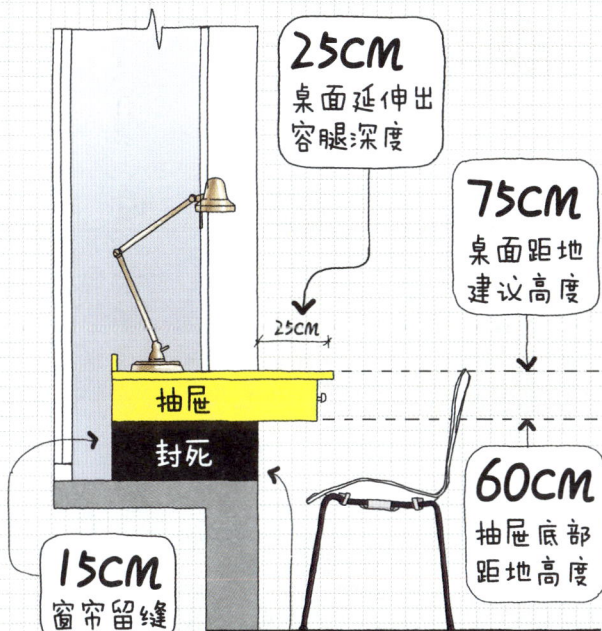

25CM
桌面延伸出
容腿深度

25CM

75CM
桌面距地
建议高度

抽屉

封死

60CM
抽屉底部
距地高度

15CM
窗帘留缝

提醒：

这部分空间非常难利用，既不好看也不方
便拿东西。做抽屉无法全部拉出，做搁板
极易成为收纳死角。与其日后添乱，不如
干脆舍弃，封死不用。

低配版

高配版

在遵循前页4个关键数值的基础上，书桌的具体形式你可以自行选择，丰俭由人。

我们先看看低配版，可以利用旧物DIY哦！

1 低配版

非常简单，你只需要找一张旧书桌，把它的后面两条腿锯掉（也可以网上定制）。搭到飘窗台上就OK啦！

DIY

锯掉部分 = 桌腿高减去窗台高

低配版的优点是便宜省钱，效果立竿见影。只需在桌子4个脚上，贴上"家具助滑垫"，就可以轻松滑动。平时推进里面不碍事，要用的时候轻轻往外一拉，桌子底部就有容腿空间了。

家具助滑垫

缺点

它的缺点则是桌子和飘窗之间有大量空间，时间长了很容易塞满各种小东西，比如文具、公仔、排插、盆栽……想要保持长期整洁，相当困难。

2 高配版

高配版改造，就是基于前面4个关键数字，根据飘窗尺寸量身定制。如果有条件，最好结合旁边的柜子进行整体设计。

集成！

一石二鸟，搞定大桌子和大书架。对面积较小的儿童房来说，超级实用！

改造时一定要记得**预留电源插座**。
可以在柜子后走暗线，插座装在侧板上。

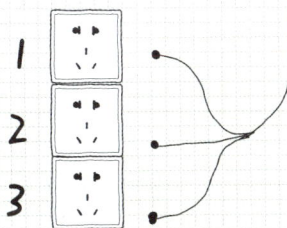

1
2
3

第一个插座给台灯，第二个给电脑。第三个呢？
你猜！

懒人专用电动关窗器

第三个插座，留给一个神器——电动关窗器。

飘窗改造成书桌之后最大的问题，就是让窗户变得更远了，开关很不方便。有条件的话，可以在网上淘一个"自动关窗器"，省去爬上爬下关窗户的麻烦。

用遥控器就能开关窗户！好玩儿吧？

哇！还有这种神奇操作？

飘窗改榻榻米很常见，对于大家来说都不陌生。窗台和榻榻米连成一体，会显得房间很大。尤其当飘窗宽度超过2m时，可以作为床榻的一部分，空间节约效果非常惊人。

哇，感觉房间好像变大了！

传统房间布局 ➡ 飘窗改榻榻米

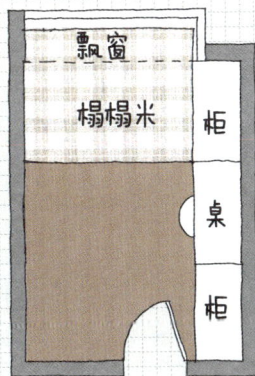

飘窗

床

柜

飘窗

榻榻米

柜

桌

柜

典型问题：上翻盖收纳

不过，选择飘窗改榻榻米的人多，
但是，出问题的也多。
最常见的问题，就是上翻盖收纳。

当榻榻米面积较大时，外侧做抽屉，中间的部分则往往会做成上翻盖式收纳箱。

如果你家的榻榻米上不打算铺任何东西，那可能还好，但是若再压上死沉死沉的床垫……

一个100%真实的故事

▶ 背景音乐：陈奕迅《十年》

我有一个开中药铺的朋友，2007年第一次装修时就做了榻榻米（当时这玩意儿刚刚开始流行），收纳量巨大，街坊邻居都跑来学习，朋友因此十分得意。入住一段时间后，他才发现上翻式的盖子加上厚重的席梦思床垫，一个人根本无力打开。里面到底放了啥，自己也慢慢记不清了……

直到10年后，他要搬家时，在榻榻米下找到了三大箱尘封10年的"陈酿"药酒，由于酒浸得够久，居然意外发了一笔小财……

十年之后，🎵
我们是朋友，♪
还可以问候……

2007年

↘

2017年

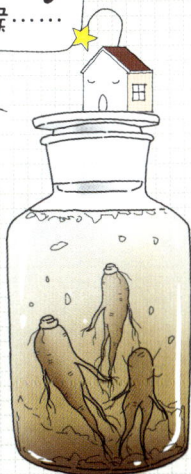

密不通风，发霉长蘑菇

拿取不便还是小麻烦，上翻盖收纳箱带来的
更大的麻烦，则是不透气导致**易发霉**。

如果你曾在南方生活
过，一定深刻理解黄
梅天或回南天的痛
苦——墙角发霉，衣
物发霉算得了什么，
我的项链（对，你没
看错，是项链）都发
霉了！

至于几年都不打
开一次的上翻盖
收纳箱，长几个
蘑菇也是完全可
以理解的嘛……

收纳变**窖藏**?!

这种上翻盖收纳箱，
总让我莫名有种怀念
的感觉，想起小时候
农村老家的地窖。冬
天储存萝卜白菜时，
一打开就有湿乎乎的
霉味扑面而来……

收纳 （榻榻米初衷）

↓

收藏 （逐渐被遗忘）

↓

窖藏 （注定的结局）

我竟无言
以对……

对策

建议你试试三七规划法！

通风区

储物区

30%

70%

排风扇 →

3 : **7**

内侧30%空间，作为通风区空置，不储物。在相邻的床箱侧壁上开洞，方便空气流通。建议有条件的在外侧板不醒目位置，安装迷你排气扇，定期开启。

外侧70%空间，利用滚轮深箱替代上翻盖。滚轮箱可以做到90cm甚至更深。使用时外拉即可，不受床垫妨碍，比开启上翻盖轻松得多。

小结

除了第1种
都不能砸哦!

5种飘窗

1. 假飘窗
2. 标准飘窗
3. 落地飘窗
4. 低台飘窗
5. 超高飘窗

3种改造

❶ 软座

重点：靠背+坐垫+脚踏/
地台

❷ 书桌

重点：容腿空间在25cm以上

❸ 榻榻米

重点：三七规划法

活用
飘窗!

懒人洗衣，
小阳台的大逆袭

中国户型特色"小阳台"！

书接上回

在本书第111页中，我家的厨房布局改造，有一个细节没有展开来说——厨房外的小阳台。下面专门聊聊它。

小阳台

厨房

餐厅

老人房

客厅

南阳台

这个小小的阳台，是非常具有"中国户型设计特色"的存在。或许我的改造方式，对你也会有所启发哦！

中国户型设计特色？为啥这么说啊？

?

国内现行的住宅设计规范，对于厨房、卫生间的通风和采光均有相关要求。对中国的建筑师和开发商而言，这种位于厨房和卫生间角部的"小阳台"，是一种很常见的紧凑型户型设计手法。它的作用有4个方面：

前建筑师

规范

1 厨房通过它通风采光
2 卫生间通过它通风采光
3 摆放洗衣机
4 安装燃气炉及燃气表

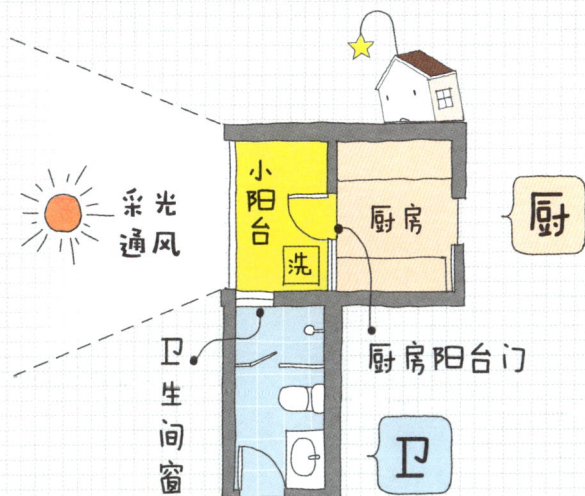

采光
通风

小阳台

厨房

洗

厨房阳台门

卫生间窗

厨

卫

地域上，小阳台覆盖广泛

这种"厨房、卫生间通过小阳台通风采光"的户型设计手法，在全国各地都应用广泛，覆盖华东、华中、华南、华北大部分地区。在中国一半以上省份的中小户型里，你都能找到类似的"小阳台"！

这么多地方！

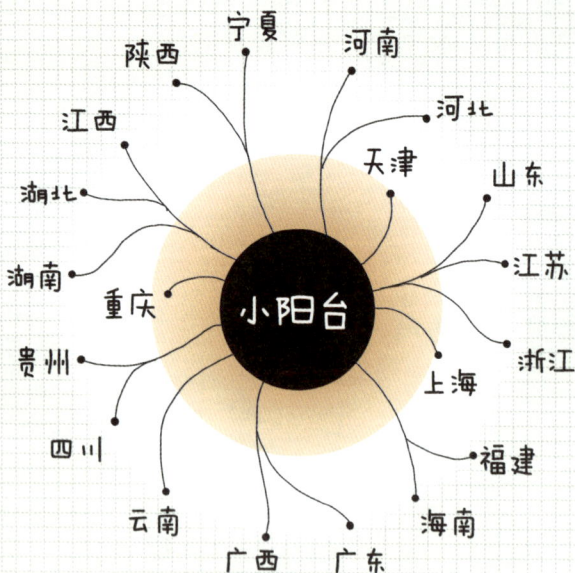

陕西　宁夏　河南
江西　　　　　河北
　　　　　　天津
湖北　　　　　　山东
湖南　　　　　　江苏
　重庆　**小阳台**　浙江
贵州　　　　　　上海
四川　　　　　　福建
云南　　　　　　海南
　　广西　广东

户型中，小阳台应用普遍

50m² 一室

85m² 二室

120m² 四室

从小一室，
到大四室，
"小阳台"
被广泛应用

小阳台带来两大麻烦

住过20世纪90年代单位集资楼的读者，或许你们还记得，过去的厨房连着的小阳台，承担了厨房外延的部分收纳功能，比如北方人冬天喜欢在小阳台囤大白菜。

而随着时代变迁，小阳台承担的很多功能逐渐被更精细的户内设计所取代，它的面积越来越小，只剩基本的通风采光功能，空间狭窄，颇为鸡肋。大部分人家的小阳台，都是左图这种画风……

从家的整体布局角度来看，小阳台带来两个大麻烦：

一，严重干扰厨房布局；
二，洗衣晾衣动线迂回。

中小厨房的布局效率高低，大致呈这样的阶梯式排列：

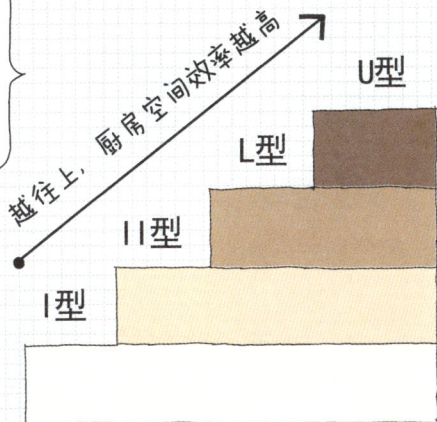

越往上，厨房空间效率越高

U型

L型

II型

I型

表面上，厨房布局由面积和空间尺寸决定。但实际上，"小阳台"对厨房布局效率造成的杀伤力极大！只要有它在，你家的厨房就会遭遇"布局降级"，永远不可能布置成U型！

布局降级？！

悄声

家务阳台几乎是U型布局的"天敌"，
比如下面的厨房布局对比。

没小
阳台

布局
降级！

U型

有小
阳台

L型

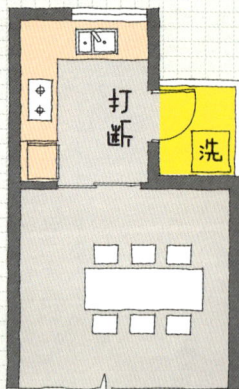

无奈 摊手

本可用于布置橱
柜的完整墙面被
阳台门打断，布
局肯定降级咯！

我家厨房：U型降级为II型

同理，我家厨房受小阳台开门位置的影响，无法做高成效的U型布局，只能做II型布局。

小阳台

厨房

洗

U型

II型

布局降级！

这……厨房布局确实受到一定影响，可你也不能光从这一点片面看问题啊！厨房连接小阳台也有优点，比如说解决了洗衣晾晒问题。

不！洗衣晾晒也很麻烦！

郁闷

麻烦二 ▶ 洗衣晾衣动线迂回

小阳台面积很小，阳光不如南阳台充裕，
所以大部分人家选择在小阳台放洗衣机，
南阳台晾晒，整个家务动线变得相当迂回。

以我家为例，原户型里
完成脱衣洗衣晒衣，要
在3个空间跑来跑去……

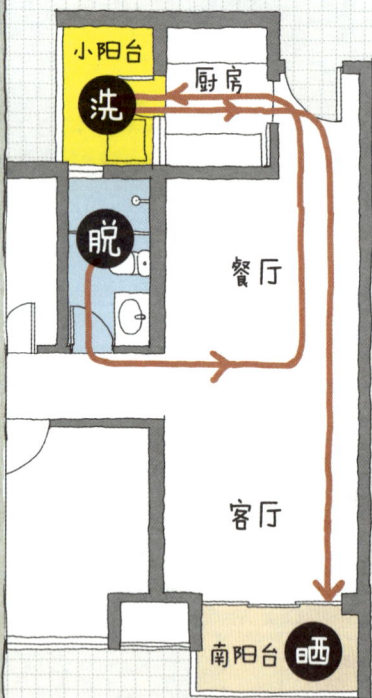

小阳台 洗

厨房

脱

餐厅

客厅

南阳台 晒

1 卫生间脱

2 小阳台洗

3 南阳台晒

洗一次衣服
居然要往返
25m?!

这有何难？买个 干衣机，不就直接省去晾晒环节？再把洗衣机、干衣机全放到南阳台去，完全腾出小阳台并入厨房不就Ok了？

我确实要买干衣机，也参观过很多类似这种改造方法的小家。但对我家来说，还有以下几个问题没有解决……

伤脑筋

老人家有自己的生活习惯，接受干衣机这种新型电器，需要个过程。

我家人不喜欢将内衣袜子与外衣混洗，习惯于洗澡时手洗，再晾干。

日常清洁用的抹布等，拧干后需要挂在通风处晾晒。

如果我家完全取消小阳台，南阳台难免会被挂得乱糟糟。

另外，我家客厅外的南阳台本来也不宽敞，只有280cm长、120cm宽，若再放上洗衣机和干衣机，可能会影响客厅的采光。

客厅阳台朝西南，物业不允许封闭。洗衣机长期被日晒雨淋也是道难题。

真希望拥有一个专用的"小洗衣间"！

突发奇想!

开动脑筋再想想……嗯……厨房和卫生间都是通过小阳台通风采光……

BEFORE 从厨房进小阳台

——有了!如果我把厨房通向小阳台的门变成窗,而把卫生间开向小阳台的窗改成门,那3个空间的关系不就彻底重组了?

变!

AFTER 从卫生间进小阳台

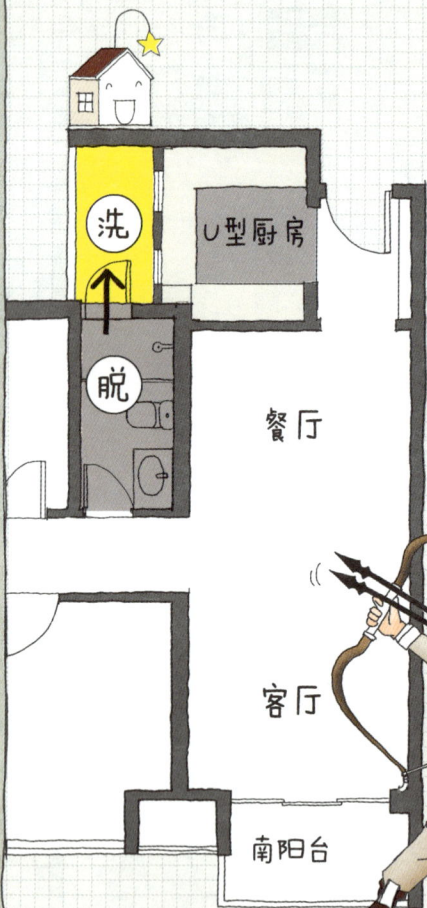

改造完成！

厨房
将这堵墙往阳台方向推60cm，
厨房就稍微扩大了一点。

脱衣、洗衣、干衣，只需走三步！

从淋浴间出去到阳台，
会不会有点怪怪的？

刚洗完澡走过去，地面会
有一点湿漉漉，但我感觉
可以接受。重点是，真的
好方便啊！

打造 **懒人专用** 洗衣间！

干衣机果然没有辜负我的期望，随时洗随时烘，再也不怕湿漉漉的回南天，再也不用为了晒被单和大妈们争抢小区里的花架了！居住幸福指数大大提升！

95%
机洗烘干

＋

5%
手洗晾干

家人不习惯用洗衣机洗内衣，所以洗澡时就顺手洗掉它们，洗完澡直接晾起。

开心！

终于彻底解放客厅大阳台！

利用缝隙，减轻空间压力

1 缝隙收纳

利用洗衣机和墙壁之间的25cm缝隙，塞进去6个窄长型塑料抽屉。将洗衣粉、洗衣液、洗衣袋等琐碎杂物全部塞进去。

2 抬高地面

底部砌筑10cm的台子，将洗衣机抬起来，与地面脱离。避免雨水和灰尘污染洗衣机底部缝隙。

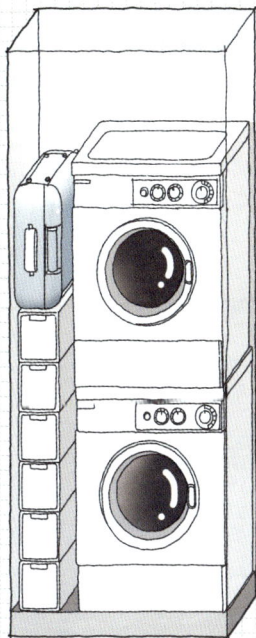

3 高处收纳

塑料抽屉上部空隙里，甚至还收纳了一只小型登机箱。

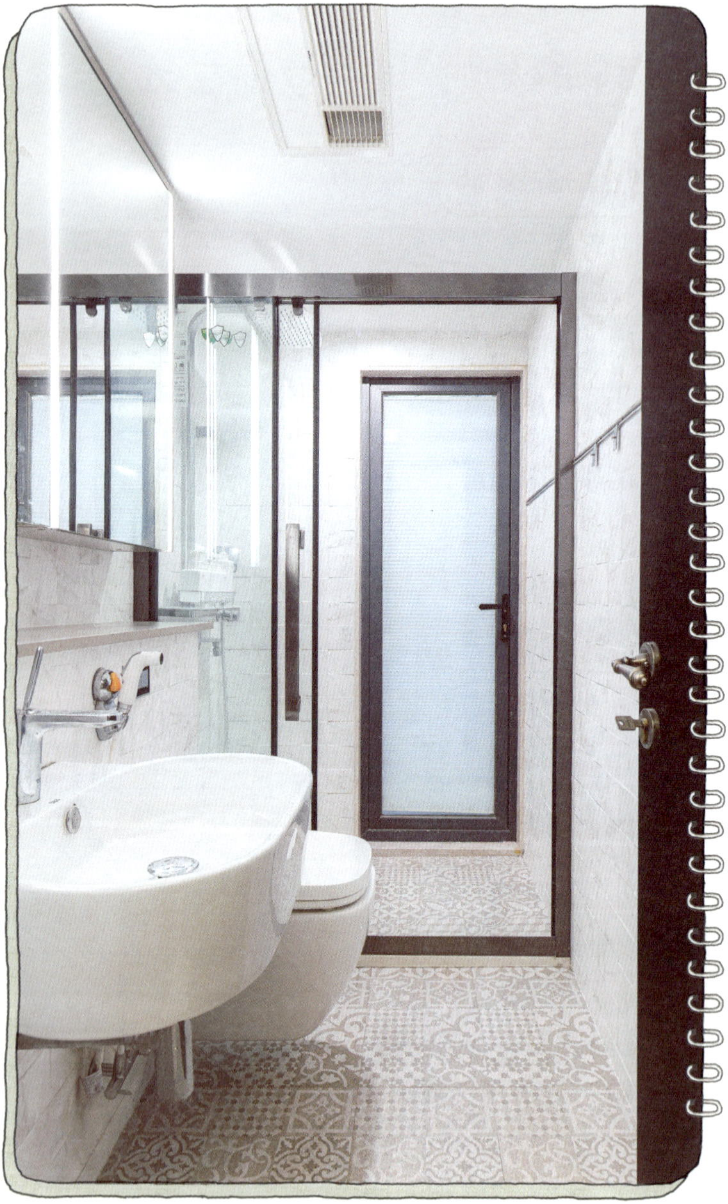

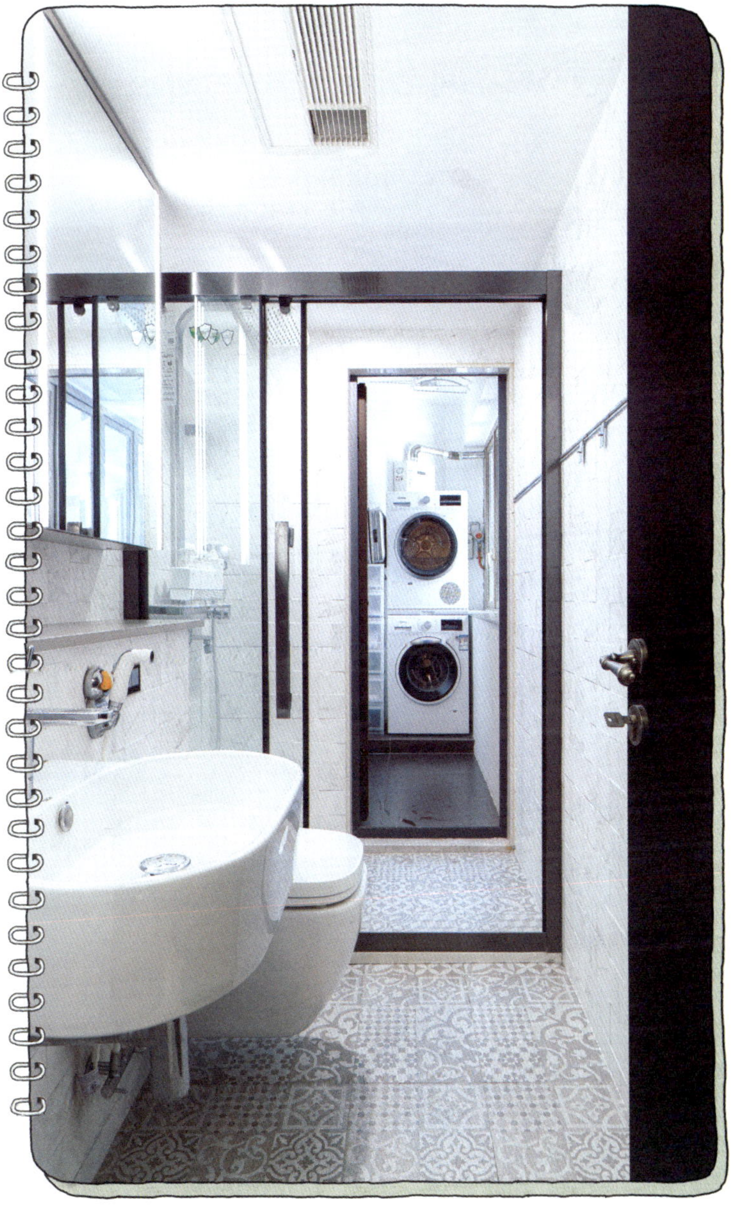

不过淋浴间也有个小问题……

BEFORE

这样改造，洗澡时会有什么不方便吗？

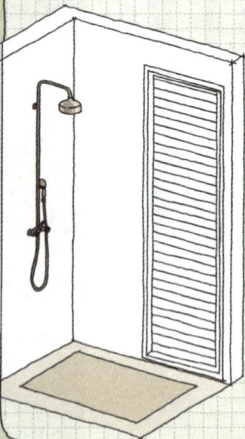

窗

AFTER

门

确实是一个问题——窗户改成门之后，原本放在淋浴间窗台上的一排瓶瓶罐罐，现在没地儿放啦！

没窗台往哪儿摆？

适合狭窄淋浴间的收纳方式？

与小阳台相邻的淋浴间，本身空间偏窄，只有85cm的宽度（没办法，原始户型实在太小了）。

如果在这么窄的淋浴间里，再挂上收纳置物篮，恐怕洗澡时转身都会受影响……

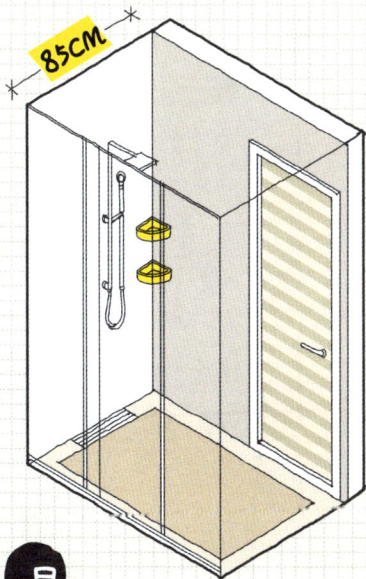

85CM

碍事

我想想……

有没有能配合这个空间尺寸，更加高效省地儿的收纳方式？

如果仔细分析淋浴行为，你就会发现，靠近花洒所在墙壁约10cm的空间处，人在洗澡时是不会紧贴过去的。

因此，近年来国际上关于淋浴间收纳的研究趋势显示，设计师多倾向于利用这10cm宽度，安装托盘型置物架收纳沐浴用品。

这个位置

托盘

10cm

哦……这个位置确实不那么碍事！

能否将水龙头和托盘合二为一？

人在洗澡时有两组常用动作：一是调节花洒龙头，控制水温及水量；二是拿取沐浴用品，洗发水、护发素、沐浴液等。

如果能尽量缩短这两个动作的操作距离，那么洗澡会变得更便利！

一箭双雕！

努力找了很久，终于找到了将"水温调节"和"省地收纳"两种功能合一的新型花洒！

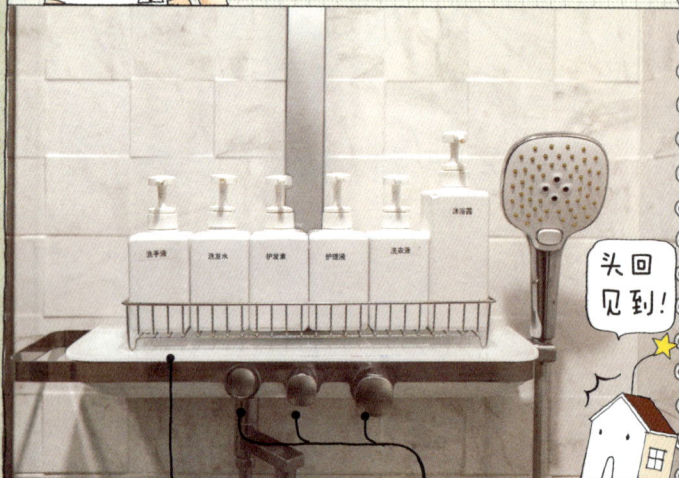

头回见到！

一体化大托盘足足有50cm长，可以收纳6瓶沐浴用品。

○ 水温调节钮
○ 水量调节钮
○ 切换顶喷钮

用不锈钢网篮把沐浴用品抬起来，瓶瓶罐罐就能"脱水"啦！——下面顺便说一下，我家卫生间的另一处"脱水"细节。

下一页 ➡

那些无法收进镜柜的东西……

卫生间潮气重，牙杯如果不彻底倒干净水，时间久了杯底就会发黑发霉。所以家人的牙杯都是倒扣悬挂在U型粘钩上。

为了避免细菌滋生，刷完牙后，会把牙刷放进小型牙刷消毒器烘干。

需要控水

消毒干燥

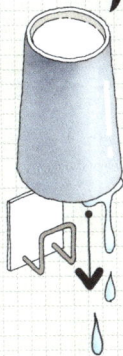

在以前的家里，这些东西都是安在洗手盆旁边的墙上明露收纳的，虽然没什么大问题，但看起来终究不够美观……

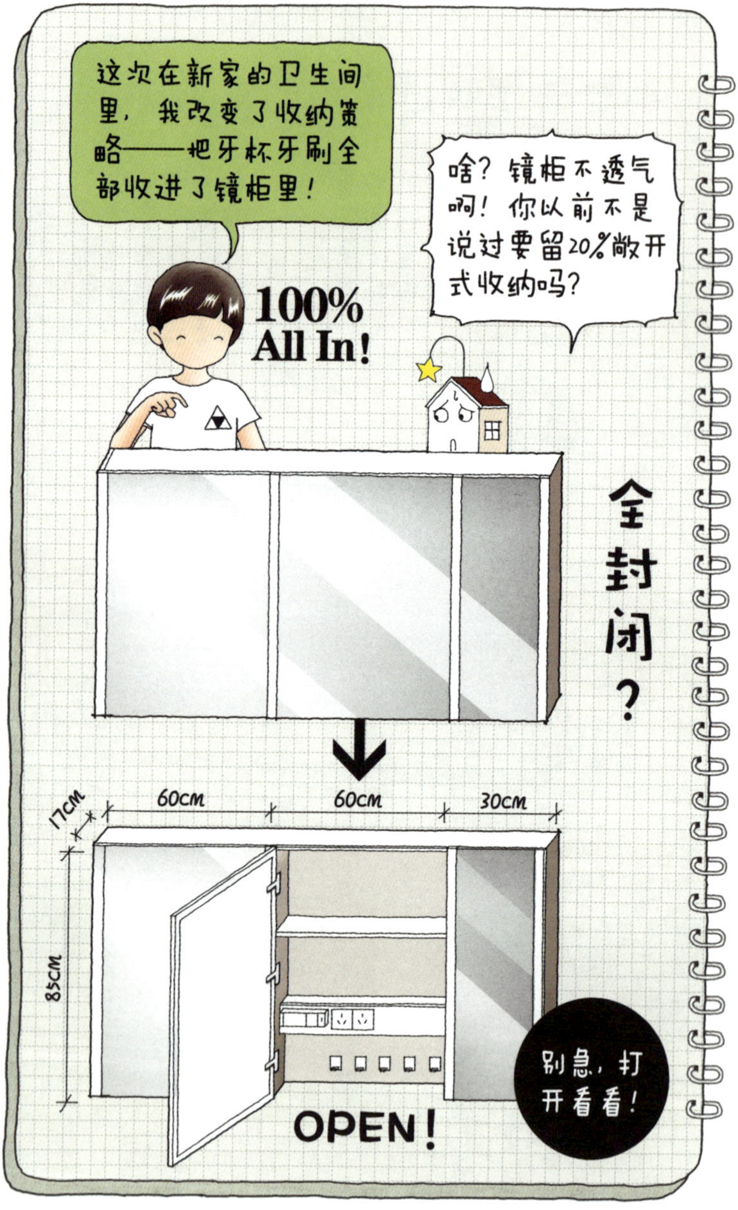
这次在新家的卫生间里，我改变了收纳策略——把牙杯牙刷全部收进了镜柜里！
100% All In!
啥？镜柜不透气啊！你以前不是说过要留20%敞开式收纳吗？
全封闭？
60cm
60cm
30cm
17cm
85cm
OPEN!
别急，打开看看！

一箭双雕!

关上柜门也能透气干燥!

其实,我的镜柜是没有局部底板的!完全不妨碍牙杯倒扣控水,更可以藏起显乱的牙刷消毒器和电线!

柜门采用双面镜和170度大角度铰链设计,打开后背面仍可正常照镜子。因此人在洗面——刷牙过程中,镜柜都是打开门状态,刷完牙,把杯子牙刷挂回去,关上柜门——用最少的动作完成整个流程。

Q&A 小结

Q1 从卫生间进小阳台，真没问题吗？

家的改造要建立在对家庭成员日常需求的了解上。对我家而言，卫生间直接连小阳台洗衣房，带来的便利远大于问题。

Q2 干衣机这玩意真的好用吗？

我们全家非常喜欢，已离不开。

Q3 我家淋浴间花洒已经安好了，目前没有计划更换，要怎么改善收纳？

某宝搜关键词："花洒 托盘"。

Q4 没有底板的镜柜能直接买到吗？

我家是单独定制的。你需要和定制浴室柜的设计师具体沟通这个细节，但工艺难度不大。

卫浴三分离？
你先别着急！

听说最近流行 三分离 ?

薇姐好！我想请教下关于卫浴三分离的问题，最近相当流行呢！

欸

卫浴三分离，流行？

是啊！我看网上好多家居文章都在推荐分离式卫生间啊！文章里说，四分离比三分离好，三分离比二分离好，二分离比一体式好……

?!

啥逻辑？

什什什么啊……?!——不不不是这样！不是比数字大小啊！

难怪你被误导，我在网上里搜"卫浴三分离"，连看几百篇文章，大多在和稀泥！

不搜不知道，一搜吓一跳！

标准混乱

连"啥是三分离卫生间"的概念都弄不清的文章比比皆是，设计错误屡见不鲜。不明真相的群众都给"带沟里"去了……

概念洗脑

很多缺乏判断力的居住者，不管三七二十一，上来就说："我家就要做三分离！"

强蹭热点

有的装修公司，为了迎合顾客，蹭上功能热点，明明顾客家的卫生间不需要或不适合做三分离，也非要==硬拗三分离==的概念。

是……是这样吗……

日本舶来品，也要接中国地气

分离式卫生间源自日本。最常见的是三分离布局——洗面区独立、浴室（包含淋浴和浴缸两项）独立、马桶间独立。

为何日本住宅会形成这样独特的卫浴布局？核心原因是，日本自古以来的沐浴文化中，浴缸代表清洁，而马桶（厕间）代表污秽。在精神维度上，他们无论如何都无法接受西式三合一卫生间（基本只有酒店才采用这种卫生间）。

日本分离式卫生间其实并不刻意强调"家人同时使用"这一点。

而中国小住宅这几年提倡"分离式卫生间"的核心出发点，是为了 ==全家同时使用==——早起不抢马桶。这一点是后文讨论"分离式"定义的前提。

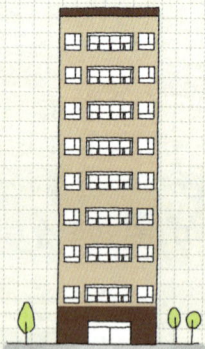

中国小家 →　不一样！　← 日本小家

看啥学啥，易闹笑话

举个例子吧，这种"带小水盆的日式马桶"，被一些网络文章吹捧得厉害。很多网友觉得挺好，就认真去找，买了装回家去。

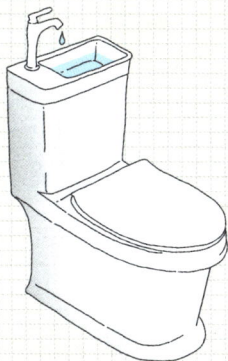

其实，日本人之所以要在马桶间装小水盆，是因为有些小家里的马桶间远离卫生间（比如楼上楼下），专门跑去洗手太麻烦。而中国的绝大部分户型，压根儿不存在这种情况好吗……

再者，这种马桶十几年前在日本常见，现在已经逐渐被淘汰了，因为使用起来姿势不舒服。现在的推荐做法是单独另安窄水盆。

没想到日本10年前的过气款，居然在中国变成了网红款，真是……

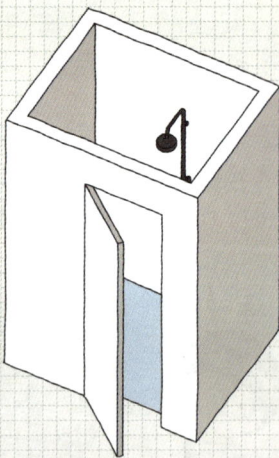

Q

啥叫三分离？

要说清楚啥是"三分离"，
就要先说清楚啥是"分离"。

很多读者以为给淋浴间安上玻璃屏隔离了水汽，
就算"分离"，这实际上是很大的误解。

NO

这不是"分离"。

YES

这才是"分离"。

所谓分离，强调的是**空间独立使用**。

NO

这不是"三分离".

玻璃屏

洗面区、淋浴间和马桶间，用玻璃屏和玻璃门隔开。玻璃（包括毛玻璃）无法保障隐私，所以只要有一个人在卫生间里，别人是无法进入并使用其他功能区的。

同一时间一人使用

VS

YES

这才是"三分离".

实体门　　实体墙

洗面区、淋浴间和马桶间，分别用实体隔墙和门分开。三个空间可以同时供三个人使用，虽不能100%消除对彼此的干扰，但基本无隐私问题。

同一时间三人使用

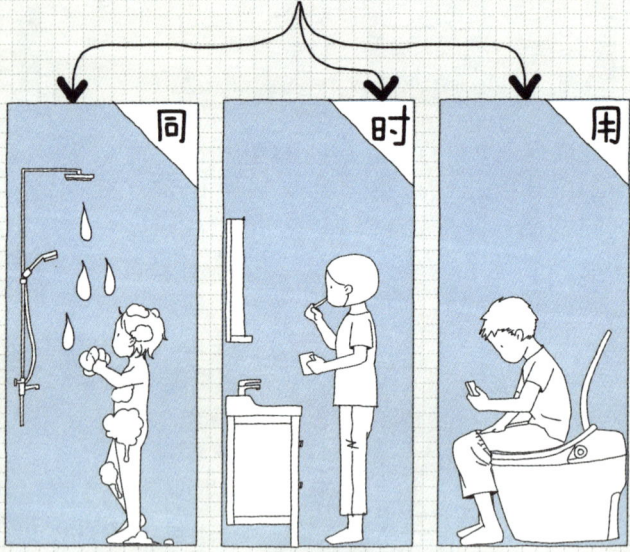

一体式

淋浴间　马桶间　洗面区

一人使用

二分离（干湿分区）

淋浴间　马桶间　洗面区

二人同时使用

三分离

淋浴间　洗面区　马桶间

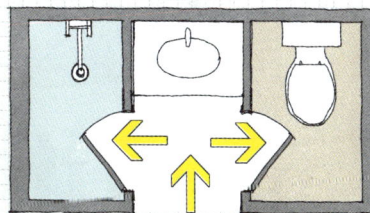

三人同时使用

⚠️ 必须强调一点：

上页图只是概念示意，并非真实尺寸。实际上，从一体式、二分离到三分离，卫生间的占地面积往往是递增的。在总面积不变的前提下，一个卫生间越"分离"，内部空间越显局促。这一点请务必注意。

m²

卫生间最小面积 ↑

> 对面积数字没直观感觉？
> 给你一个参照系：
> 四门大衣柜占地约1.2m²。

约4.6m²
三分离

约4.0m²
二分离

约3.2m²
一体式

0 →

全家共用便利度

备注：上图面积值仅为参考值，以实际设计为准。

三分离卫生间因"家人同时使用"这一特性颇受追捧。但是，并不是每个家都适合三分离卫生间，也不是每个卫生间都能做成三分离式。

注意！

卫浴三分离？你先别着急！搞清仨问题，思路捋一捋！

Q1 有必要离吗？

Q2 有机会离吗？

Q3 该怎么离啊？

特别声明：

卫浴管井问题非常复杂，马桶移位不能一概而论。因此本文暂不涉及这些内容，图中亦不画管井。

你家真的有必要做三分离卫生间吗？请先根据自己的情况确认以下选项：==三项必须全部打勾==才推荐"离"哦！

- ☑ 你的原始户型，有且只有一个卫生间。

- ☑ 家里常住人口≥3人，尤其是三代同堂。

- ☑ 你已明确权衡"三分离"布局的得失。

第三项具体是啥意思呢？你得明白一点：三分离卫生间很"费地"。如果你一定要实现三分离，有可能会损失其他的空间。

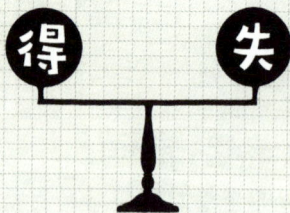

得 **失**

最小尺寸

下图是三分离布局中，各功能分区最小净尺寸（指贴完砖的尺寸）。

洗面区

`90 × 60`

马桶间

`130 × 90`

淋浴间

`160 × 90`

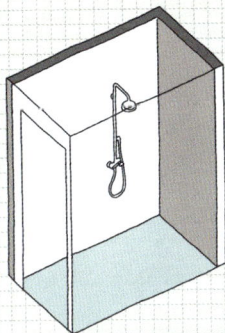

（单位：cm）

选三分离还是选二分离，不能只盯着卫生间一处，而是要权衡整个户型的布局得失。下面我们看两个案例。

案例

案例一

这是上海虹桥区的某大开发商项目。
2016年年底我去参观时，发现这个项目
的规划、户型、精装、收纳设计，都算
是良心制作、可圈可点。

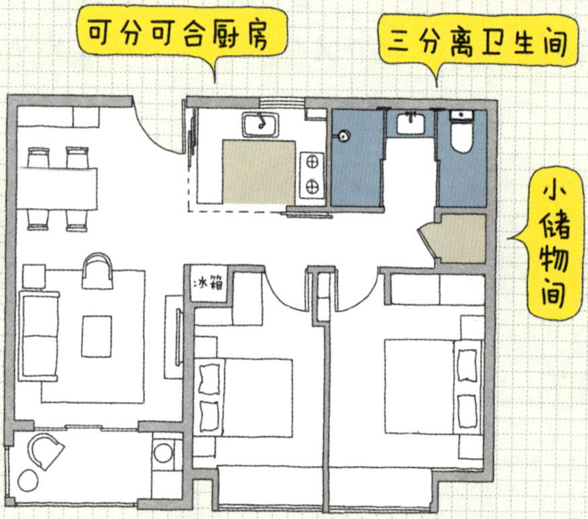

可分可合厨房

三分离卫生间

小储物间

冰箱

看得出设计师花
了不少心思，三
分离卫生间和储
物间都很赞啊！

认真学习

然而，当我拿着它的图纸仔细研究时……

欸?! 不对啊! 这个户型做三分离卫生间，其实并不划算啊!

原户型三分离

↓

如果改二分离

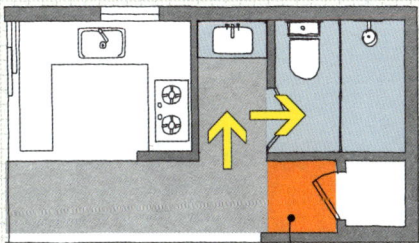

走廊缩短了近1m，减少了空间浪费。图中橙色区域变成了 ==实用空间== 。

选卫生间还是 **衣帽间**？

省出来的走廊橙色区域，看起来很不起眼吧？但如果我们把它和小储物间、主卧室衣柜，三者合并，那么就会得到——人人梦寐以求的**超大衣帽间**！

二分离卫生间

WOW!

想要！

这就是所谓的"权衡得失"！

三分离布局，不仅增大了卫生间本身的面积，周边所需的走道面积也相应增大。因此，它可能造成其他空间的 ==机会损失== 。

意识到这一点，你才能不被人云亦云干扰，客观判断三分离的 =="必要性"== 。

选左边？

三分离卫生间

选右边？

超梦幻衣帽间

原来如此！

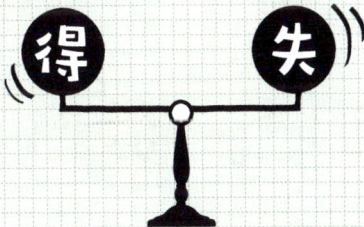

得　失

案例二

这是一个非常经典且常见的户型，各大开发商曾大范围应用，在全国各地也都有广泛分布。

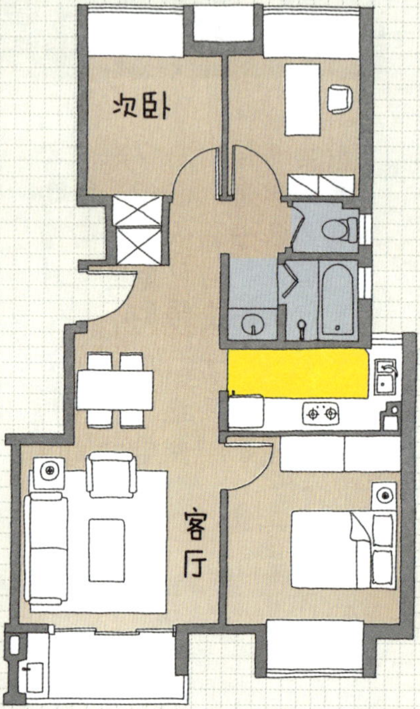

次卧

客厅

这个户型的权衡关键，是卫生间和厨房之争。下面来看三种不同方案。

卫生间 **VS** 厨房

方案 **1**

卫

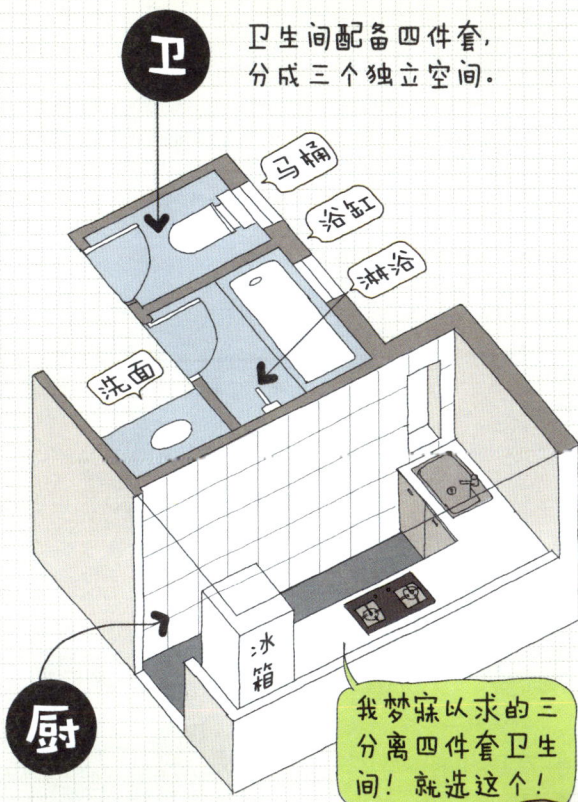

卫生间配备四件套，
分成三个独立空间。

马桶

浴缸

淋浴

洗面

冰箱

厨

厨房呈L型布局，
空间不算宽敞，
配置普通冰箱。

我梦寐以求的三
分离四件套卫生
间！就选这个！

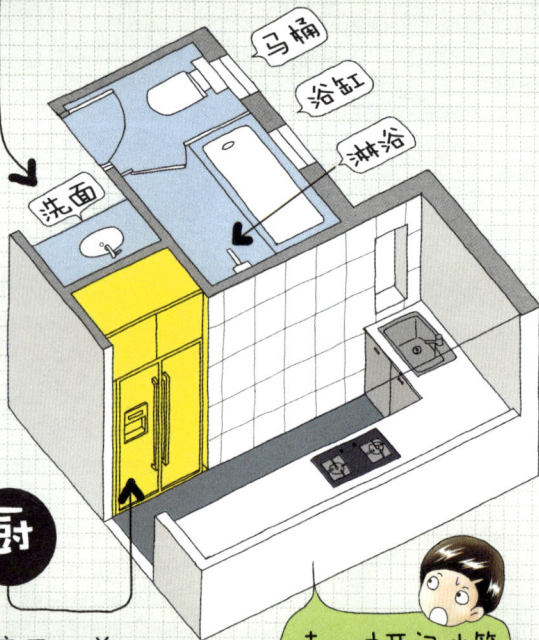

方案 **2** 卫生间二分离四件套 厨房配置对开门冰箱

卫 卫生间仍是四件套，只做二分离。洗面台前的走道缩短。

马桶

浴缸

淋浴

洗面

厨

厨房因此增加了一块实用空间，妥妥放下对开门大冰箱。

哇，对开门冰箱呀！卫生间做二分离其实也行！这个方案我也很动心啊……

**卫生间二分离三件套
U型厨房配整排高柜**

卫

如果把浴缸去掉，只剩下三件套做干湿分区，那么卫生间的面积就可以缩小为方案1的70%。

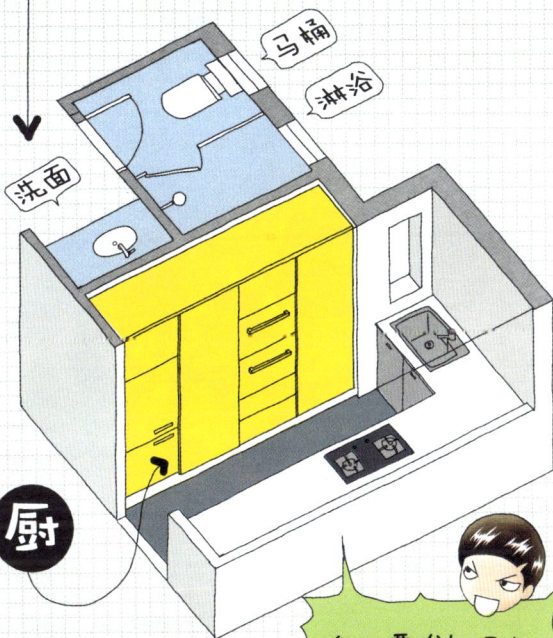

马桶

淋浴

洗面

厨

卫生间省下的面积全部并入厨房，得到一整面墙的大高柜，配备嵌入式冰箱、蒸烤箱。

我不要浴缸了！不要三分离了！我要这个超棒的大厨房！

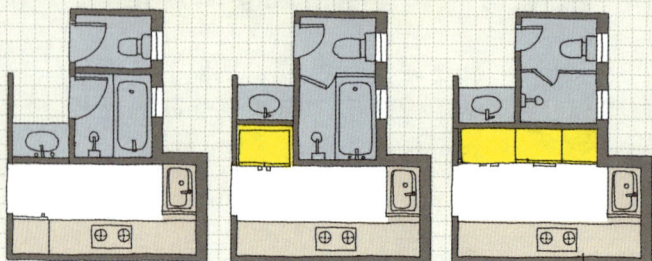

二分离？三分离？
权衡户型大格局！

三分离布局，不仅扩大了卫生间本身的面积，周边所需的走道面积也相应增加。因此，它可能造成其他空间的损失。

意识到这一点，你才能不会人云亦云，客观判断三分离的"必要性"。

Q2 有机会离吗？

很多朋友在跟设计师沟通时，上来就说 "我要做三分离卫生间！"——可是，不是每个卫生间都有机会做成三分离布局哦！

决定卫生间能否三分离的关键是 形状.

常见的卫生间有以下3 种形状. 你家是哪种？

123

瘦长形	扁长形	近方形
		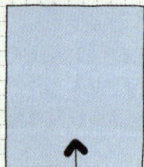
↑ 走道	↑ 走道	↑ 走道
机会 **小**	机会 **大**	看 **尺寸**

第一种 **瘦长形**

你家卫生间是这样的形状？很遗憾，实现三分离的概率很小！

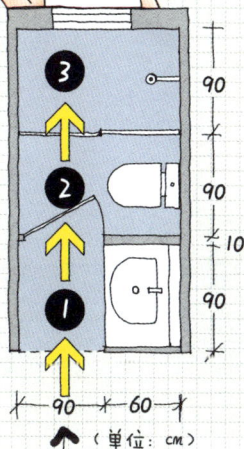

不好办

90
90
10
90

90 — 60

（单位：cm）

户型示例

原因很简单：卫生间三个功能区呈"糖葫芦串"状分布，要进入淋浴间必须穿过马桶间。因此，它更适合做一体式或二分离布局。

手气
不错

如果你家的卫生间是扁长形的，（长边临走廊）那恭喜你啦，它是最适合实现三分离的形状！

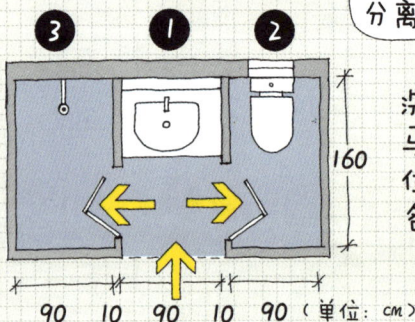

3 **1** **2**

160

90 10 90 10 90 （单位：cm）

洗面区居中，马桶间和淋浴间位于左右两侧。各自独立。

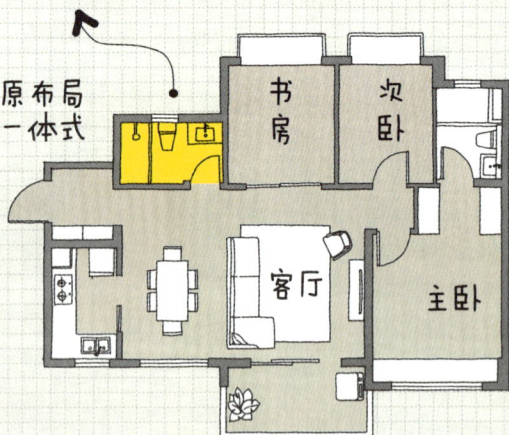

原布局
一体式

书房

次卧

客厅

主卧

户型
示例

第三种 近方形

卷尺

如果卫生间接近方形，则要根据具体尺寸来判断能否做三分离。

量一量

三件套三分离最小净尺寸

190CM × 250CM

250

190

90
10
90

90 70 60
10

（单位：cm）

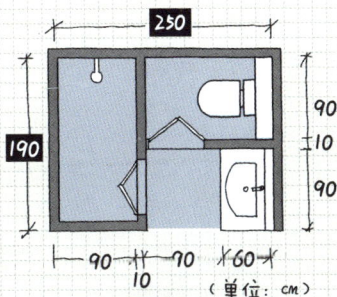

含洗衣机四件套三分离最小尺寸

230CM × 250CM

250

洗衣

230

90
10
130

60 90 10 90

（单位：cm）

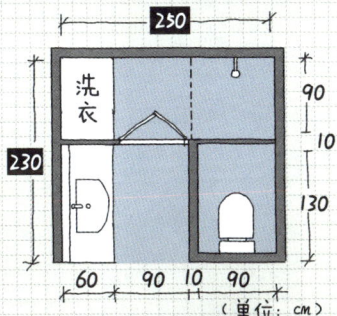

想做三分离，面积至少 **4.6m²**

卫浴不是你想离，想离就能离！

其实在中国的大部分户型中，实现三分离卫生间并不太容易，因为国内常见户型设计中，前述三种卫生间大致以这样的比例分布：

扁长形
寥寥无几

瘦长形
比比皆是

近方形
比例居中

这并不是因为建筑师或开发商不用心，而是中国和日本的楼型不同、法规不同所带来的不同结果。

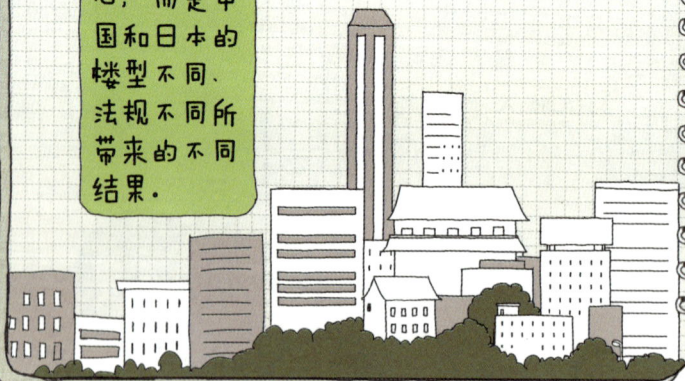

Q3 该怎么离啊？

下面，我们来看看"分离"后的三大功能区的各项注意要点！

1 淋浴间

2 马桶间

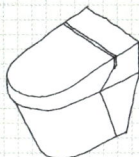

3 洗面区

① 淋浴间　别忘记脱衣区

在一体式或二分离布局中，我们入浴前会借助马桶区空间脱衣，并悬挂放置脱下来的衣服以及干净内衣、浴巾。

三分离的淋浴间，则需要"自备"专门的脱衣区（至少需要70cm×90cm）。同时，这个区域在洗澡时还不能被水溅到。

干　湿

脱衣区　入浴区

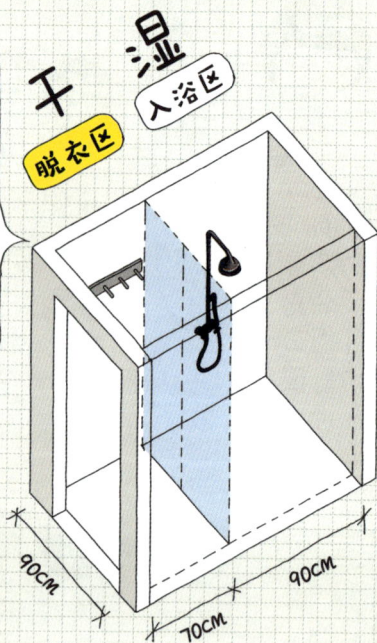

90cm
70cm
90cm

提醒： 三干王要装在脱衣区而非入浴区。否则洗澡时人会感觉冷。

内衣
浴巾 睡衣

脱衣区咋防止溅水?

脱衣区和淋浴区如何分隔开呢?传统的3种方式大家都很熟悉了:

Ⓐ

淋浴屏

比较占空间,
显得更逼仄.

Ⓑ

半片玻璃

不能完全
防溅水.

Ⓒ

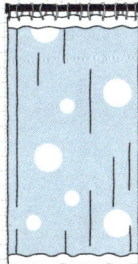

浴帘

会粘身,
易发霉.

薇姐
要诈!

我选D!

嘻嘻

试试第4种选择：隐形浴帘

"隐形"二字充分描述了它的特点。
你可以把它理解为一把水平打开的折扇。

折叠，如同墙上一条线；
打开，防水保温两不误。

合 → 开

省空间
不碍事
易安装

平时
基本
隐形

拉开
隔离
水汽

尤其是有宝宝的家庭，爸妈给娃洗澡时，需要很大操作空间。隐形浴帘收起后，完全不碍事。

2 马桶间

慎用推拉门

马桶间本身面积有限，为了避免开门撞到马桶，很多家庭会选择推拉门。但是，推拉门本身有个问题，就是**隔音较差**。

如厕……有些生理性的响声，肯定是无法避免的啊……

如果你在洗面区刷牙，却听到旁边有人正在……这一刻彼此真是**尴尬**！

NO!

特别点名**谷仓门!**
卫生间禁忌之门!

禁忌
组合!

网红谷仓门可能是常见推拉门类型中缝隙最大的。**隔声及隔臭性**都 很差!很差!很差! 在网上见到的某些改造案例里,紧邻着餐厅的卫生间,居然采用了谷仓门! 这……画风太美不敢想象……

谷仓门用于卫生间,只能作为洗面区的外门,里面的马桶间及淋浴间必须另安隔声门。

三种 门

如果面积小，建议选择折叠门，隔音性稍好于推拉门。如果空间较大，还是建议采用平开门，其隔音性是最好的。

折叠门

节地 ★★★★
隔音 ★★★

平开门

节地 ★★
隔音 ★★★★★

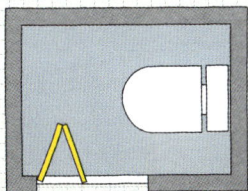

推拉门

节地 ★★★★★
隔音 ★★

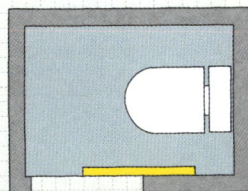

这么一看就明白了！

3 洗面区

洗面柜下水管

三分离卫生间供全家人一起使用，洗面柜要收纳的东西真心不少，比如洗手液、洗衣液、洗衣粉、护手霜、卫生纸……

传统柜盆的下部，看似容量挺大，其实下水弯管非常碍事，导致空间利用率很低，大量收纳空间白白浪费。

我曾在《小家，越住越大》里面推荐过"利用抽屉避让下水管"。现在有了全新方法！

某宝搜索关键词"下水后置"，100元以内搞定！

啥？

后置下水管，释放收纳空间

排水后置的关键，是利用自带水封的水管装置，将原本贯穿式的下水管移至靠近墙体的位置（内含小型存水弯），释放出大量可用空间。

收纳

收纳

收纳

过去下水管后置，需要匹配专用的水盆。现在某宝卖家都开发出通用接口型的了。区区几十元钱，就能消除痛点，释放收纳空间！

硬核！

浴室柜的收纳效率进化史

1.0版

搁板收纳
下水居中，效率极低

2.0版

抽屉收纳
中间局部，挖空避管

3.0版

下水后置
完整利用抽屉空间

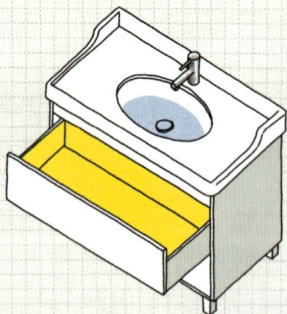

小结

1 中国式三分离卫生间的核心诉求是"家人同时使用"。因此只采用玻璃屏隔离水汽的设计不宜称为"三分离"。

2 三分离卫生间所需面积，比干湿二分离、一体式卫生间都要大。

3 有必要"离"吗？
不能只盯着卫生间，要从整个家的角度去权衡判断，否则可能损失其他空间。

4 有机会"离"吗？
瘦长形卫生间机会小，偏长形卫生间机会大，近方形卫生间看尺寸。

5 该怎么"离"啊？
淋浴间莫忘脱衣区，马桶间慎用推拉门，洗面柜用后置下水。

当里个当

碎碎念

卫浴不是你想离,
想离就能离!

中日住宅有差异,
生搬硬套不合理.

弄清概念是前提,
拒绝忽悠和稀泥.

这可不是送分题,
诸多方面要考虑.

三大问题按次序,
三处细节多留意.

住商UP, 打怪升级!

收

PART3

纳

蓝海
领域

浪费这15厘米，
感觉亏了几个亿！

问：15cm是多长？
想回答这个问题，别急着找尺子！只需要你做个简单的动作。
请伸出你的一只手，比出和我一样的手势。拇指和食指之间约90度夹角。
欸？

现在，你的两指之间，尺寸大约就是15cm（手掌较大的男生或许会更宽，可略缩回一点手指）。这个尺寸就是本篇要讨论的内容。

这么点空间，能收纳什么？

?

≈15CM

下面我们看4个案例！ ➡

第1个案例:

门背后的15cm

因为工作,常有朋友来我家参观,每当给他们介绍主卧室的四门衣柜时,我都有一个小小的保留节目。

平平无奇嘛!

首先，我会先打开
右侧的两扇柜门。

然后，我会嘿嘿一笑：
"这是我的得意之作！"
然后一把拉开左边的两扇柜门！

左侧柜子非常薄，朋友常被吓一大跳！

?!

深度仅有15cm的
超薄柜！

躲在门后的15cm超薄柜

哈哈
上当啦！

这个薄得令人大吃一惊的柜子，其实是利用主卧房门背后的缝隙空间做成的，伪装成和右侧一模一样的外观。

揭秘真实空间关系，左侧柜子深度其实只有15cm！

右侧是正常衣柜，深度60cm。

左　　右

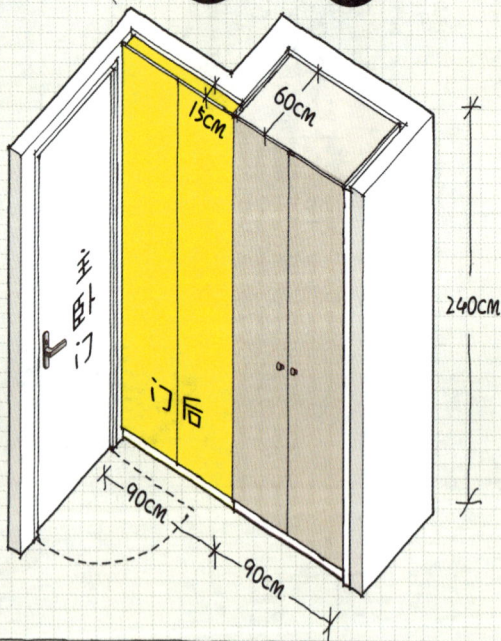

15cm，收纳我的心爱之物！

区区15cm还做个柜子，能收纳啥？

嘿嘿，这里收纳了我的心爱之物——
饰品！

我的衣服很少，全部加起来只需半边衣柜就够了。但我的饰品却不少：耳环、丝巾、腰带、项链……日常搭配变化全靠它们！

没什么奢侈品牌，没什么钻石黄金，但每一件小东西，都是我用心淘来的，十分喜爱。

过去，饰品分散收纳

关于饰品的收纳问题，《小家，越住越大》中也曾专门讨论过。当时，我采用柜门后挂袋收纳项链耳环的方法，得到很多朋友的喜爱。

丝巾环

皮带钩

饰品架

可是除了项链、耳环外，体积较大的饰品——丝巾、腰带、墨镜等，数量众多，却一直没有找到特别好的收纳方式……

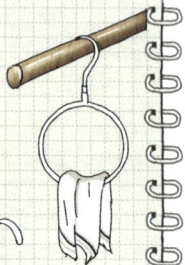

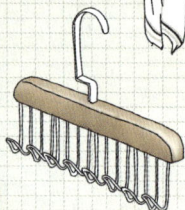

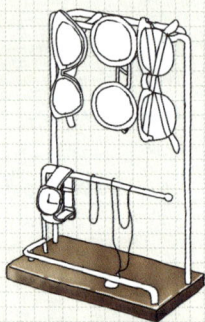

我也曾逐一试用过市场上的各种工具，把丝巾收在抽屉里，把墨镜摆在饰品架上……但效果都不理想，既分散又难管理。

全部集中一处收纳？

饰品最大的特
点，就是"小
而薄"。无论
丝巾、耳环，
还是手表，没
有任何一件饰
品的厚度会超
过15cm。

15cm

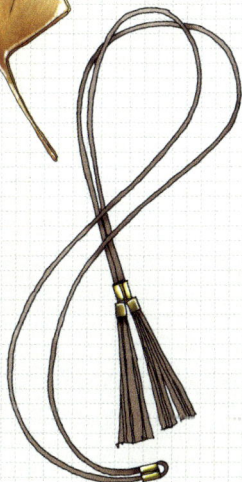

它们很薄，但挂
起来又需要很大
的墙面空间……
是否可以做一个
超薄柜？

门后死角，或许刚好？

15CM啊……嗯，到底放哪儿合适呢？嗯嗯嗯……

冥思苦想

灵光乍现

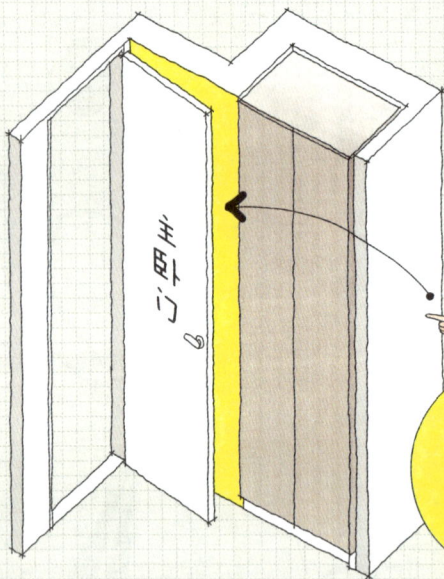

主卧门

这儿！

能否利用门后死角？

门后的窄缝空间，占地面积不足0.1㎡，墙面面积却足足有2㎡——这个位置似乎很符合前述条件？

一举两得，最优动线！

对啊！如果能把饰品柜放在门后，那我每天早晨的"起床动线"也是最简短顺畅的！一举两得，就这么定了！

四步搞定一切！

起床、梳妆、穿衣、选饰品后出门——整套动作毫不迂回，效率超高。

收窄门洞，扩大门后空间

改造之前
门后缝隙
8CM

BEFORE

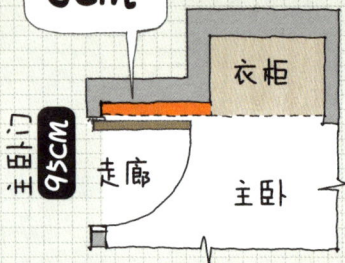

趁着施工未完，我把原来的主卧门洞从95cm收窄到85cm，将门后空间从8cm加深到18cm（尺寸预留宽裕些，方便柜子施工）。这样得到了一个珍贵的缝隙空间。

改造之后
门后缝隙
18CM

Yeah!

铮铮铮铮！超薄柜在缝隙之中诞生！

AFTER

超薄柜构造详解

超薄柜的构造非常简单，其实只是个木条拼成的"日"字形框架，没有任何层板。

内部深度是13cm
加上柜门共15cm。

简易！

原来长这样！

为了节省空间，没有安装背板，框架直接贴墙，上下左右钉牢。

两扇柜门高度近240cm，各用5个门铰与框架连接。

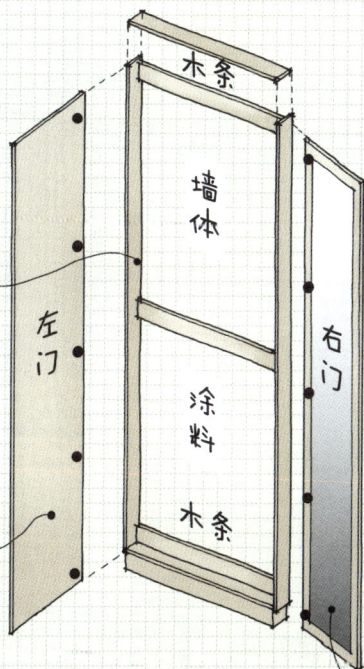

木条

墙体

涂料

木条

左门

右门

右侧柜门背后嵌贴镜子。

上部：天鹅绒相框收纳首饰

从淘宝买了两个首饰相框，四周是松木框，中间是黑色天鹅绒布包海绵。一共才花了120元。

把它用3M魔力扣粘胶，直接贴在背后乳胶漆墙面上。

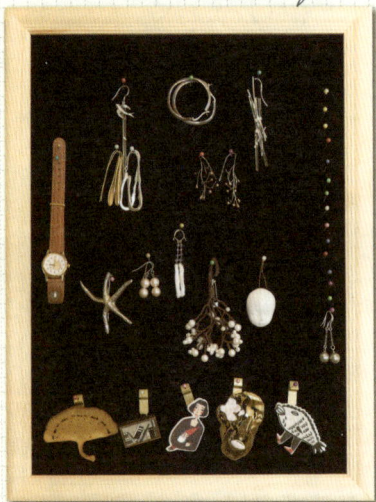

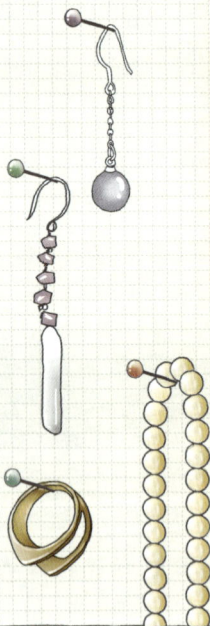

卖家送了与天鹅绒布搭配使用的大头针。无论是戒指还是耳环，胸针还是项链，都可以非常方便地挂起来。一个相框挂小饰品，另一个用来挂项链。

下部：伸缩杆收纳丝巾腰带

好简单的方法！

将三根伸缩杆，左右紧紧顶住侧板卡牢。丝巾、腰带、手表、墨镜往上一搭就好。

三根杆一共可收纳30根腰带、10条丝巾围巾、5副墨镜。如果将来不够用，随时可以加伸缩杆。

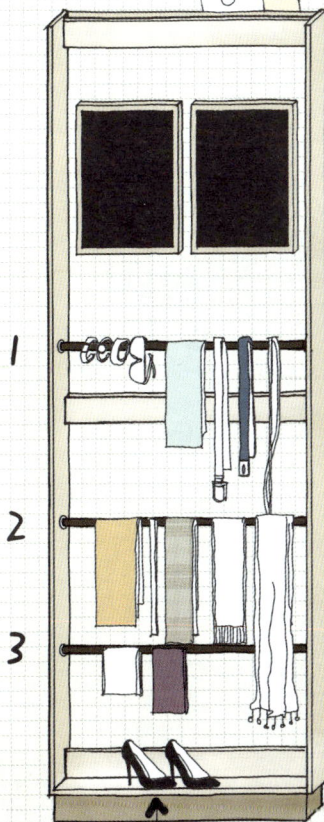

1

2

3

最下面放一双全新黑色细高跟鞋，用来搭配。

门后镜和170度门铰

问：
在小卧室里，如何避免穿衣镜对床？

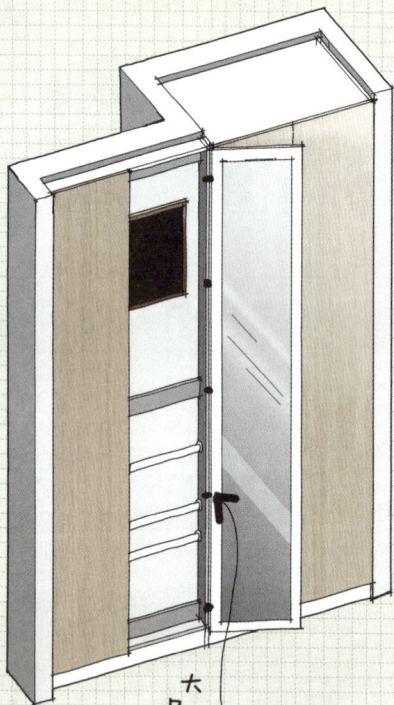

传统的方式是，在衣柜里面安装折叠镜。平时折叠在侧面，需要的时候拉出来。但我这个人比较懒，嫌这种方式太麻烦。

于是，我委托专业工人，将高达2.3m的大镜子，嵌贴在饰品柜的右侧柜门内侧。一开门镜子自然呈现。

同时，我特意选用了170度门铰。普通门铰只能打开到近90度，而这种特殊门铰可以将门完全打开，照镜子超方便。

大角度打开

储备插座派上大用场！

最初设计这个饰品柜的时候，我在柜子顶部安了一个感应射灯，可搬进去才发现，这个射灯照度不太够……

这难不倒我！我可是在所有柜子里都留了储备插座的！嘿嘿嘿……

射灯

①

②

④

③

储备插座

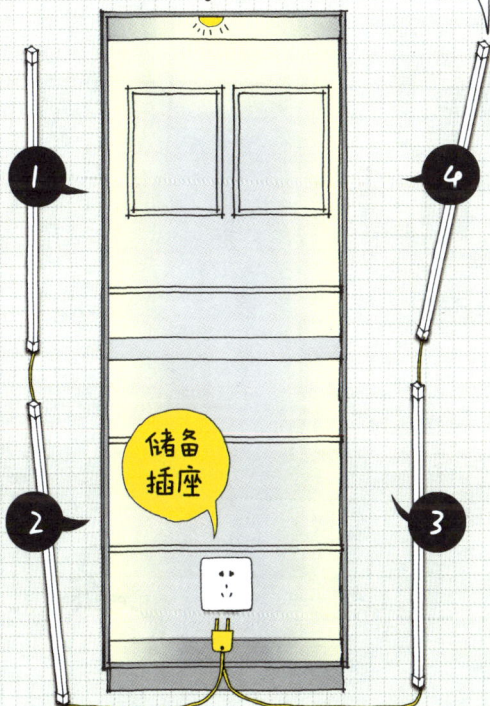

从淘宝买回4根极细的LED感应灯条，用3M胶贴在柜子侧板上，连通插座。

一开柜门，所有感应灯瞬间亮起来，心爱的饰品在黑色天鹅绒上熠熠生辉！

哇哦……

看，手掌这么宽的小缝隙里，也能有收纳惊喜！

原本毫无用处的门后死角，变成让女生怦然心动的饰品收纳柜——小小15cm超薄柜，用处不容小觑吧？

嘻嘻

有点小意思……不过除了门背后，家里还有别的空间，有机会打造成15cm超薄柜吗？

当然有！记得四五年前，我还在万科工作时，就曾用过类似的收纳设计手法。啊，找到了，就是这张图！真让人怀念！下面就讲讲这个案例吧……

采羽

≈15CM

第二个案例：

柜侧边的 15cm

2015年，我担任万科广深区域的副总建筑师，当时和两位老友——G先生和Z先生，一起协助东莞万科某项目的户型及精装研发。

Z先生

当年的
研发铁三角
2015@东莞

G先生

唔？这两位好眼熟！他们在《小家，越住越大》《小家，越住越大2》里面也曾露过面吧？

好像
见过！

梳妆台，何处摆？

当时负责营销的同事，明确提出主卧室里需要配置梳妆台，但这个户型的面积实在是非常非常紧张……

如果要在窗前A点摆梳妆台，1.8m的大床可能就得缩小成1.5m的了，肯定行不通……门背后又是承重墙，无法从户型图上抠出超薄柜空间……

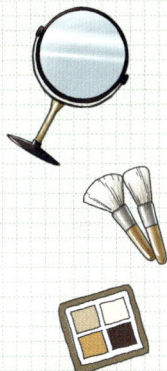

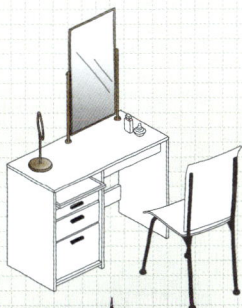

60	
50	
180	
50	**A** 床边宽度仅50cm

宽度大约80cm

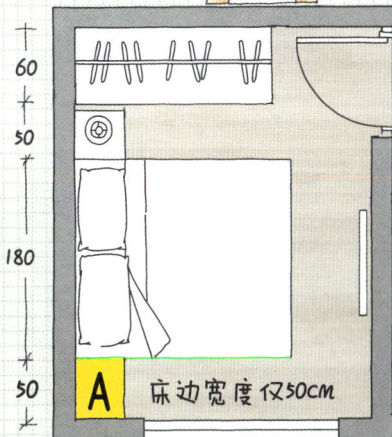

（单位：cm）

我提个建议：以前，很多家庭不是都会在衣柜侧面做一个半圆弧形的开放式置物区吗？

拜托，这种土得掉渣的设计已经过气十几年了好吗……而且它跟梳妆台有何关系？

嫌弃

不，我的意思是，借鉴这种在侧面置物的思路，在柜子侧边设计可打开的薄柜，将梳妆台"立"起来，如何？

好像有点意思！画出来看看？

支持

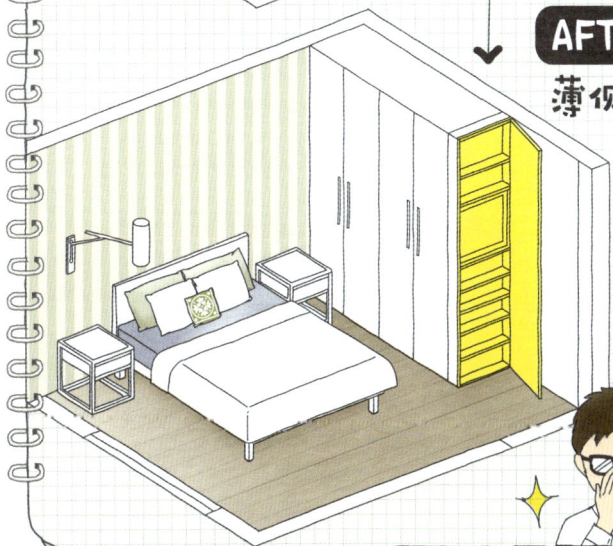

芝麻开门!

BEFORE
侧板

AFTER
薄侧柜

OPEN!

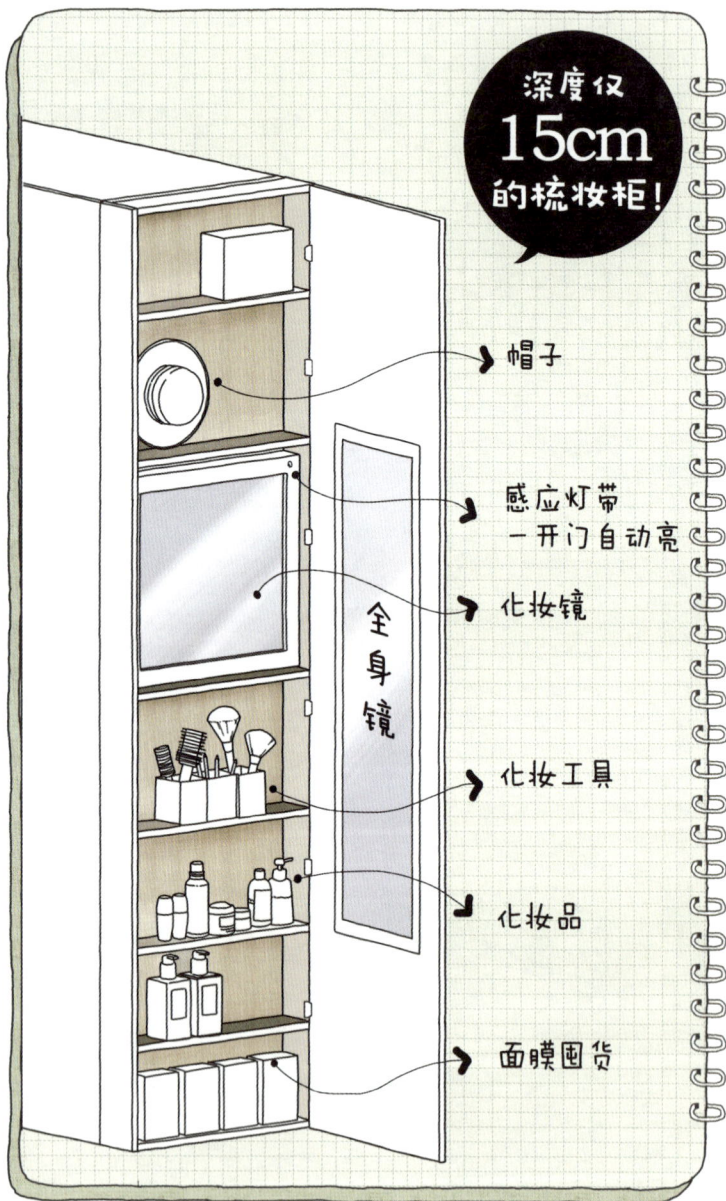

深度仅 **15cm** 的梳妆柜！

帽子

感应灯带
一开门自动亮

化妆镜

全身镜

化妆工具

化妆品

面膜囤货

超薄柜占地面积仅为梳妆台占地的 **1/5！**

区区15cm，
搞定梳妆功能区！

240

80

60   80

（单位：cm）

60   15

（单位：cm）

独立梳妆台占地 **60cm × 80cm** VS 侧边超薄柜占地 **60cm × 15cm**

备注：照片中黑色的是柜身板．柜门是白色的．

成功！

靠谱！

在原本的柜子侧边，再加上15cm超薄柜，确实是一个值得拓展的思路……只要有15cm宽的空间，就能加以利用！

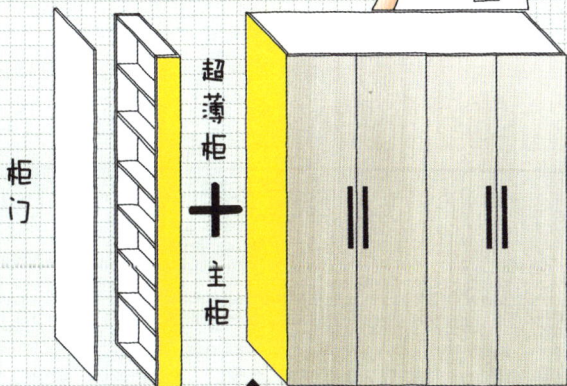

柜门

超薄柜 ＋ 主柜

超薄柜
实际深度可以在15~25cm之间。

举一反三！

主柜深度≥45CM

＋ ① 大衣柜
＋ ② 洗面柜
＋ ③ 家政柜
＋ ④ 餐厨高柜

1 超薄柜 ✚ 大衣柜

与大衣柜相连的超薄柜，除了替代梳妆台，还可以 **替代内抽屉** 收纳袜子、内衣等。

横向抽屉会打断柜内空间，导致无法挂长衣。

横

↓

竖

如果采用超薄侧柜，柜内空间就不受抽屉影响，能多挂一排衣服。

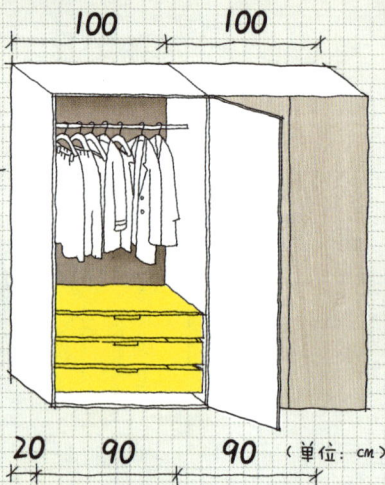

100　100

20　90　90　（单位：cm）

超薄柜除了收纳小衣物，还可以放小饰品——不仅对女士，对男士来说也非常实用！

手串儿

据说男人一活到某个年纪，就会自动开始攒手表、手串儿、核桃……这回可找到地儿放啦！

2 超薄柜 ✚ 洗面柜

在干湿分区的卫生间里，干区洗面柜侧面一般都会有一段临走廊的墙垛。《小家，越住越大2》里面，曾聊过用薄边柜替代墙垛，收纳梯子之类的大件杂物。

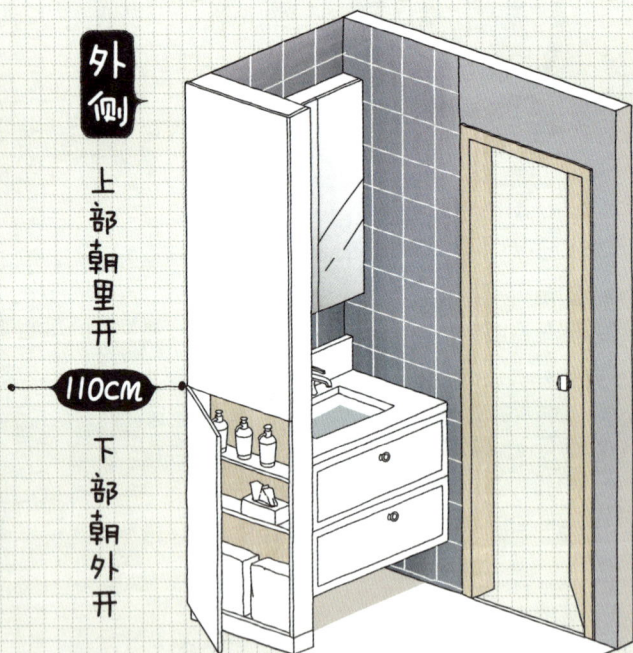

外侧

上部朝里开

← 110cm →

下部朝外开

内侧　视线不见，不易显乱

开放式搁板

封闭式镜柜

超薄柜上半部分靠近洗面柜，做成敞开式置物台。它最大的好处是消除了干区的凌乱感。从走廊方向基本看不到侧边收纳的牙刷牙杯之类的杂物……

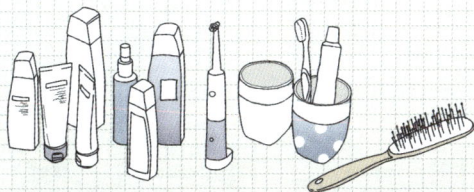

务必注意防水。柜身材料要用多层实木板。与台面连接处可以用人造石上翻30cm以上防溅水。

3 超薄柜 ✚ 家政柜

在室内空间摆放洗衣机和干衣机作为家政区的方式，现在越来越流行。如果家政区侧面临着走道，有条件设计超薄柜，将会大大提升使用便利度。

讲究一点的话，可以嵌入折叠式熨衣板。或者在里面放个手持式迷你小熨斗。洗衣、干衣、熨烫，一步之内搞定全部工作。

洗烘熨三合一   内嵌插座

4 超薄柜 ➕ 餐厨高柜

这几年，很多中小户型选择把冰箱移出厨房，在餐厅区域做一整排高柜。高柜的侧面靠近客厅和走道，拿取物品方便，正适合做超薄柜。

厨房

冰箱

零食

乐扣盒

开瓶器

保鲜膜

柜子侧面加15cm超薄柜，这种做法的应用场景很多啊！

用这个手势在你家衣柜旁边比一比，说不定就能找到新机会！另外补充一点：侧面超薄柜如果不加柜门，很容易随手放上很多杂物，所以建议尽量加装柜门。

不过瘾

嗯！薇姐，我还想看更多案例，寻找更多灵感！

真拿你没办法……那我们一起出门去拜访一位朋友吧！他家有两处空间都巧用了超薄柜！

≈15CM

第三个案例：
走廊&厨房的15cm

打扰了！

逯薇你好！

P先生

一家4口，住广州.
110m²，三房两卫.

我家房子不大，中部的走廊却相当不小，足足有4m². 如果按广州市区均价50 000/m²的房价计算，等于浪费了一辆中级轿车……

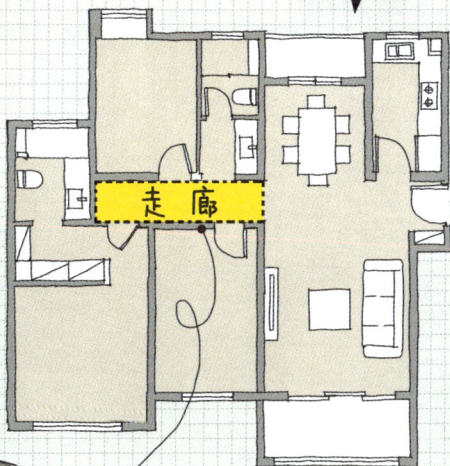

改造前户型

走廊

儿童房里有根大梁

一个问题是：临着走廊的儿童房里，墙上露出一根挺大的梁，高40cm，宽15cm。

上一任房主曾在这里定制了一个衣柜，特意做了"避梁"处理——柜子分上下两段，侧面能看到一个明显的缺口。

柜子上方显得很难看，内部使用也受影响。

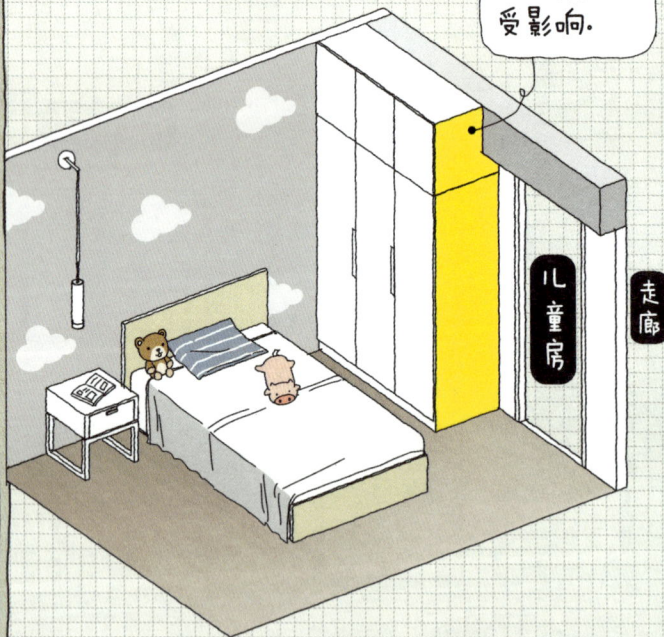

儿童房

走廊

趁着重新装修的机会，我们做了一个小小的改动——将儿童房的墙体拆掉重砌，往里推了15cm，和房间内侧的梁拉齐。这样一来，原本凸在儿童房里的大梁，就变成凸在走廊了。

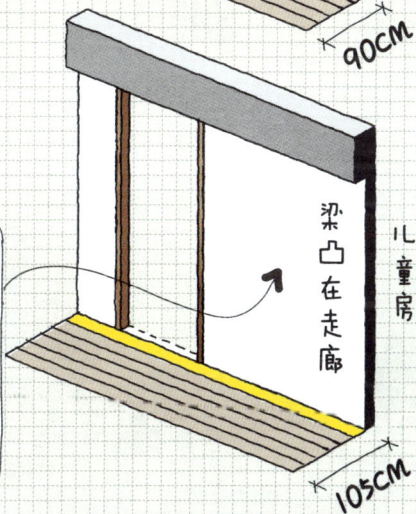

改造前

↓

改造后

走廊

梁凸在儿童房

90CM

梁凸在走廊

儿童房

移了墙，原本90cm宽的走廊加宽了15cm。梁下的空间就可以利用起来啦！

105CM

走廊里的图书角

利用这薄薄的15cm，做了一个全家共用的图书角！高处归大人，低处归孩子。新买的书，拆掉塑封，封面朝外放在架上，路过时自然会想要拿来读——自从有了这个书架，全家的阅读量都提升了。

爸爸，这本《恐龙大冒险》我还没看过！今晚咱讲这个吧！

儿童房移门

未读

没问题.

卷纸放这儿！

没想到居然可以用15cm超薄柜，同时解决走廊空间浪费和大梁凸出两个难题！太赞了！

点赞！

谢谢！走廊这个超薄柜很受家人欢迎，于是我在厨房里如法炮制了一次……

厨房

这里也利用了超薄柜！

我家厨房本身就偏小，厨房和餐厅之间的墙体又是承重墙，无法打掉。所以只能维持原始的L型橱柜布局。布置完灶台、水槽和冰箱三件套，余下的收纳空间真是让人捉襟见肘。

调味品、保鲜膜、保鲜盒、锅具、刀具……全堆台面上。墙上粘钩挂着围裙、塑料袋……

乱！

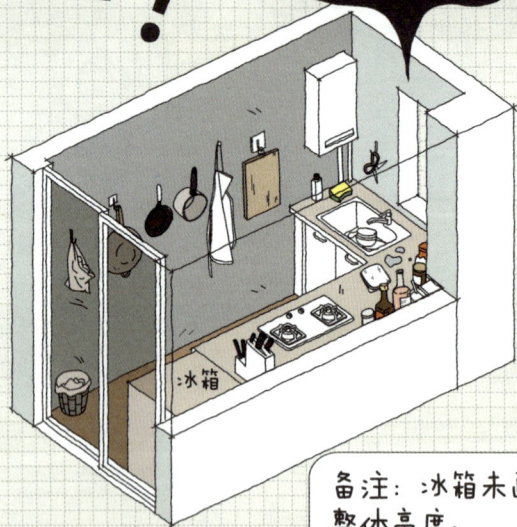

备注：冰箱未画出整体高度。

厨房+15cm超薄柜，L型变U型！

唯一的机会就是超薄柜了！理论上，厨房走道需要净宽90cm。我家的厨房走道宽100cm，如果加出一排15cm超薄柜，剩下85cm宽的空间基本还是够用的。

就这么办！

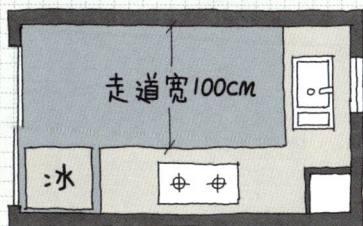

改造前 L型布局

走道宽100cm

冰

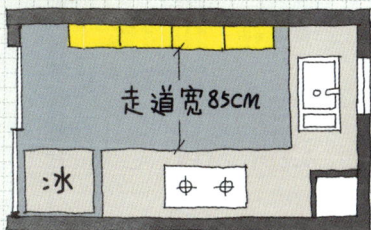

+
15cm
超薄柜

改造后 类似U型布局

走道宽85cm

冰

厨房零碎，正合超薄柜！

在层板的基础上，再配置洞洞板
和伸缩杆之类的配件，15cm超薄柜
比想象中更能"装"。原来的地
柜和吊柜，瞬间空了一半。
杂七杂八的小物悉数收纳进去，
一打开，尽收眼底！

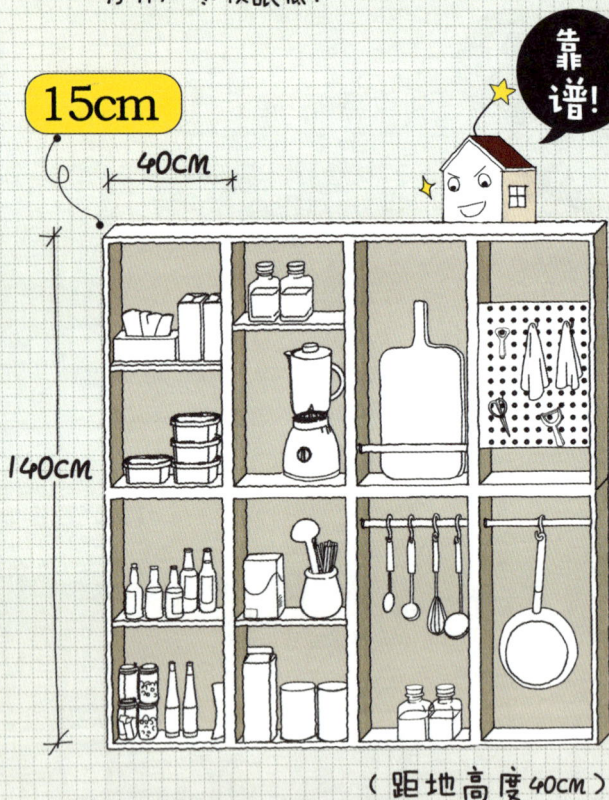

靠谱！

15cm

40CM

140CM

（距地高度40cm）

整面墙都利用上!

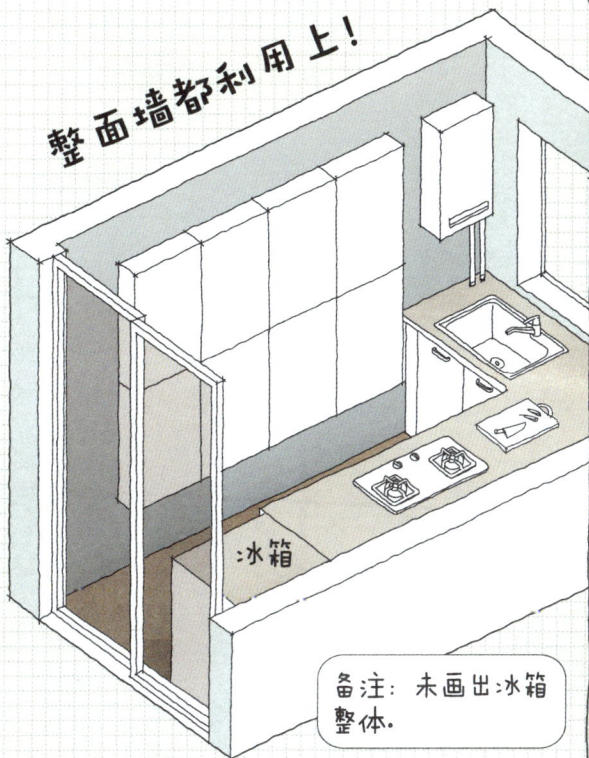

冰箱

备注：未画出冰箱整体。

改造后的厨房使用体验就俩字——

方便！

一方面，超薄柜大大减轻了原橱柜的收纳压力，地柜里终于不再堆积如山了；另一方面，超薄柜的高度适中，拿取物品时既不用弯腰也不用踮脚。走道虽窄，却不至于碍事。

走廊
＋
15cm
超薄柜

厨房
＋
15cm
超薄柜

超薄柜的核心价值，不在地面而在墙面，方寸之间大有改变。

走廊

厨房

一个小家拥有两组超薄柜，好走心的改造！

不敢当！

小结

对于空间来说，最难利用的是边边角角；就物品而言，最难收纳的是零零碎碎。而超薄柜，恰恰就是用边角空间，收纳零碎物品的利器。只需要15cm，就能解决收纳难题！

除了下面这几处空间，你还能想到更多可能吗？不妨写下来！

15cm

1 门背后超薄柜

2 柜侧面超薄柜

3 走廊超薄柜

4 厨房超薄柜

还有：————————

还有：————————

伸出手来，在小家四处比一比，寻找属于你的15cm！

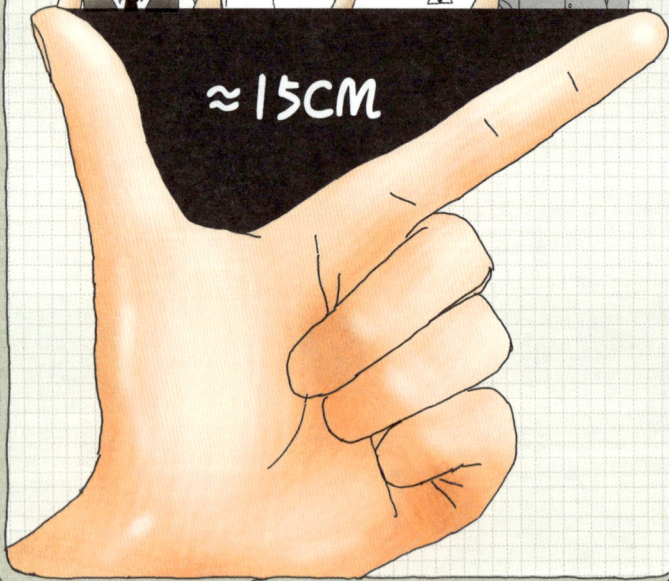

≈15CM

咦？

寻常文具，
居然是收纳神器？

最近咨询收纳问题的来信好多啊……

薇姐，我家娃儿上幼儿园，平时有很多画画和手工制品，这些东西怎么收纳？

婚房刚装修完，多出一堆电器说明书，扔也不是，不扔也不是。怎么办？

请问学位证、结婚证、护照这些证件类，用什么方法管理比较好？

求助！日常的各种发票到底怎么收纳啊？每月报销前都让人头大！

我最近迷上手账，买了好多小贴纸素材，全堆在抽屉里，不太方便，有什么收纳神器推荐？

jiaderongqi@163.com

纸质物品的通用收纳方案

薇姐，这么多问题，我们要逐一回复吗？

嘻嘻

不必担心！这几个问题刚好都是与"纸"有关的。物品虽然不同，答案却是一样的！是时候亮出我用了10多年的收纳神器了！

就是这个！

双

孔

夹

你可能对双孔文件夹并不陌生。它的中部有2个可以开合的铁环，利用配套的打孔器在纸张资料侧面打出孔，将其嵌入铁环，订成册。

无论纸张大小厚薄，只要能打孔，就能串起来！

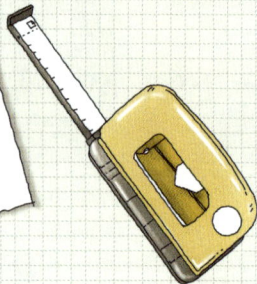

穿孔式活页文件夹，除了双孔型，还有三孔、六孔、多孔型等。孔的数量越多，装订会越稳定，但配套的打孔器尺寸也越大，不太方便收纳。因此，我倾向于牺牲一点稳定性，选择最简洁的双孔型。

建议买自带限位尺的打孔器。

为什么是双孔夹？插袋式文件夹或者风琴包之类的，不是更简单吗？

插袋式

风琴包

夹板式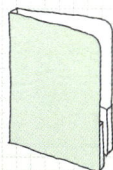

就知道你一定会这么问。其实我已经逐一"试错"了！

每一种文件收纳夹都有各自的特点，能解决相应的问题。不过，我选择双孔夹，是因为它同时具备以下三个优点：

1 不易变形；

2 配件丰富；

3 容量大，易翻阅。

不易变形

家用纸质物品的一大特点是形状不确定，有大又有小，有厚也有薄。

插袋式

↓

易变形

如果只是收纳薄的内容物，插袋式文件夹是没问题的。但类似说明书、证件这样有一定厚度的内容物，多放几个进去后，文件夹就慢慢变得像包了薄脆的煎饼果子一样，鼓鼓囊囊一大包……

而双孔夹则不存在这个问题，外观始终笔挺。

加资料.

加鸡蛋还是香肠？

选择双孔夹的另一个理由是——可选配件多。穿孔式文件夹自1886年由德国人弗里德里希·索尼肯发明至今，经过近140年的发展，这套文具系统已经非常成熟，除了最基本的将纸张打孔穿入外，还有十几种配件可自由组合（购买时要注意孔距匹配）。

其中最实用的就是各种规格的透明拉链袋！可以装入有一定厚度的物品，并且不容易掉出来。

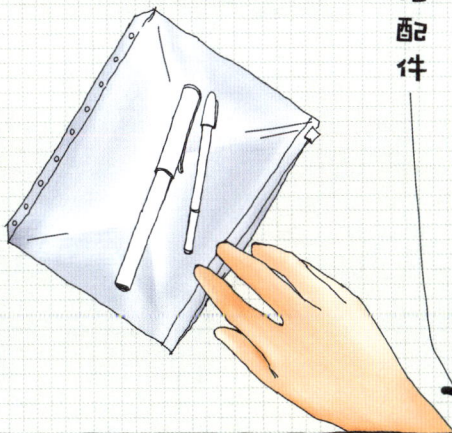

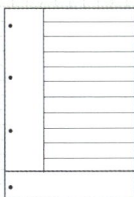

配件丰富

开放式系统 + 多元化配件

笔记替芯

文件袋芯

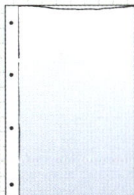

索引页

标签贴

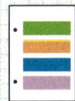

......

容量大，易翻阅

夹子式文件夹容量有限，翻页费力，
风琴包文件夹只能逐页查看、逐页拿取，
插袋式文件夹翻页时袋中物品可能滑出来。

双孔夹中的资料，翻阅起来相当便利！

哦！

像翻书一样轻松！

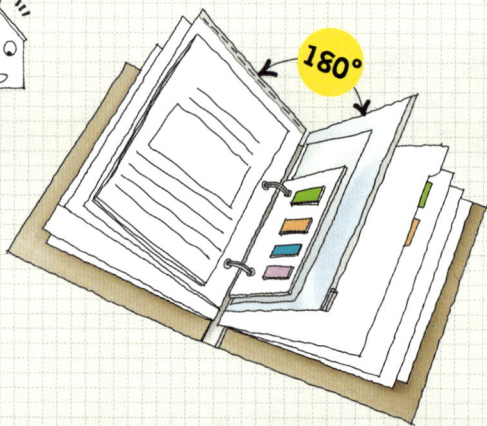

180°

我常购买的是厚度4cm左右的双孔夹，一册可收纳300~400张A4纸。容量相当惊人。

400张！

用途 **①**: 收纳孩子作品

利用双孔夹，我把儿子从两岁开始的大部分涂鸦作品都保留并装订了。

双孔夹不仅可以轻松收纳单页纸的画，还可以兼容有表面凹凸的拼贴画，甚至不织布制成的手工小物，都能打孔装入。如果是A3或更大的作品，就从中间折页后再打孔。

先将手工品在纸上然后打孔

而类似泥塑这种立体的，就用手机拍照，A4纸彩色打印后装订。原实物不再保留，我和儿子一起跟它们道别："谢谢你，再见！"

关于记录孩子成长的
方式，每个家庭或许
都不同。

而在我家，母子俩一
起给那些稚嫩的涂鸦
和手工作品打孔，把
它们装入双孔夹，是
我和孩子之间特有的
一种沟通方式。

不知不觉间，儿子的作品已经织攒了6大本，
偶尔我翻开他3岁、5岁时的"作品集"，看
着那些"丑萌丑萌"的小动物，歪歪斜斜的
小房子，都会不由自主地笑起来——那一张
一页里，满满承载着童年时光，留着真好！

没有丢掉它们，
真是太好了！

用途 ❷ : 收纳说明书

装修过小家的人都知道，一个新家里，各种电器和设备的说明书，加起来少说有几十种。说明书这玩意儿，厚薄不同、大小不一，真的很难收纳。

我以前用的方法是书架上摆两个专用文件盒，所有说明书都放进去，表面看倒是挺清爽的。

打印机说明书？

但遇到问题要查找时，我要全部拿出来一份份翻，实在很不方便……

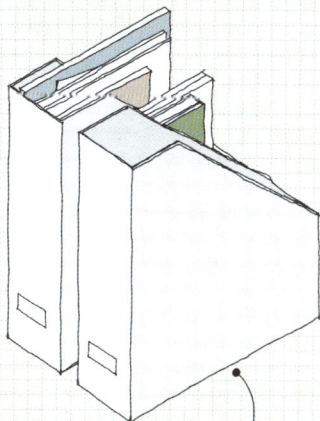

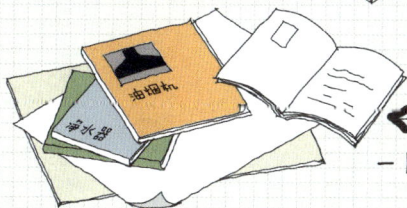

一用就乱

之前当然也想过用双孔夹管理说明书，但我家的打孔器每次只能打10页左右，说明书常常厚达30页以上，没法操作。

里侧太厚，无法打孔

直到某一天，我忽然灵机一动，用打孔器从说明书的翻页一侧，分几次打孔——这回行了！（打孔器的限位装置，能保证分几次打的孔位置一致）。

说明书

外侧打孔装订

家里的一大堆说明书，最终被整合为两大本双孔夹。相关发票等也一并打孔收在其中。以后再也不怕维修时东查西找啦！需要具体翻看某一本时，打开铁环整本取下来就好。

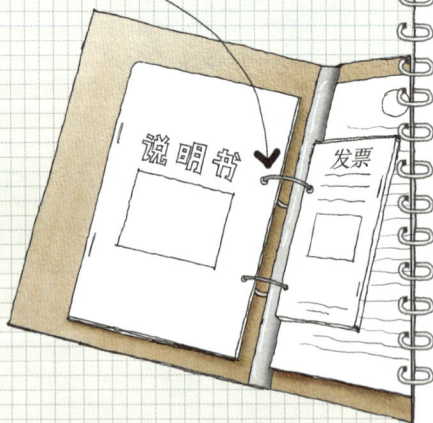

说明书　发票

用途 ❸ ：收纳证件证书

独居的单身人士，证件证书可能并不多。
但如果是三口或四口之家，这些东西加
起来足足有几十本！

户口本
护照
结婚证
准生证
独生子女证
港澳通行证
毕业证
职称证
专业考级证
房产证
……

是的！但是我的收
纳原则是：小家最
好不要随意增加规
格形式大小不一的
专用收纳容器。我
更愿意选择双孔夹
这样的"通用收纳
容器"。

网上商店不
是有热销的
"证件收纳
专用包"吗？

为啥
不买？

利用双孔夹的配件——透明拉链袋，将证件统一收入双孔夹。拉链袋的尺寸从A4到B6一应俱全，大小证件都可以妥妥匹配！

容易看　容易拿　容易用

如果准备在国庆假期海外旅行，我会把装"护照"的拉链袋整个取下来，因为全家的三本护照都在里面。一整包拿着，办签证、过海关时都很方便管理。透明拉链袋本身有一定防水性，所以也无须另外购买护照收纳包，直接放手提包里就行。

旅行时的机票和行程单我也会用透明的小拉链袋管理。

轻便简单！

用途 **4**： 收纳日常发票

我以前非常讨厌整理发票，每月到了报销交发票的那几天，都会被满桌子小票搞得头大如斗……

直到开始使用双孔夹管理发票，才终于从这困扰中解脱了！在一册双孔夹里，预先套入8个透明拉链袋，根据公司报销规定分类。一旦有了新发票就马上放进拉链袋。到了报销日，打开双孔夹，一目了然！

分门别类
井井有条

用途 **5** : 收集创作灵感

我从建筑师转型为家居作家，虽然已经出版两本书，但在写作这件事上，我依然是个新手，新手当然需要学习如何使用工具。我的工具，就是印象笔记软件和双孔夹。

比如说，动手写这本《小家，越住越大3》之前，我就已积攒了厚厚两大本的写作素材。

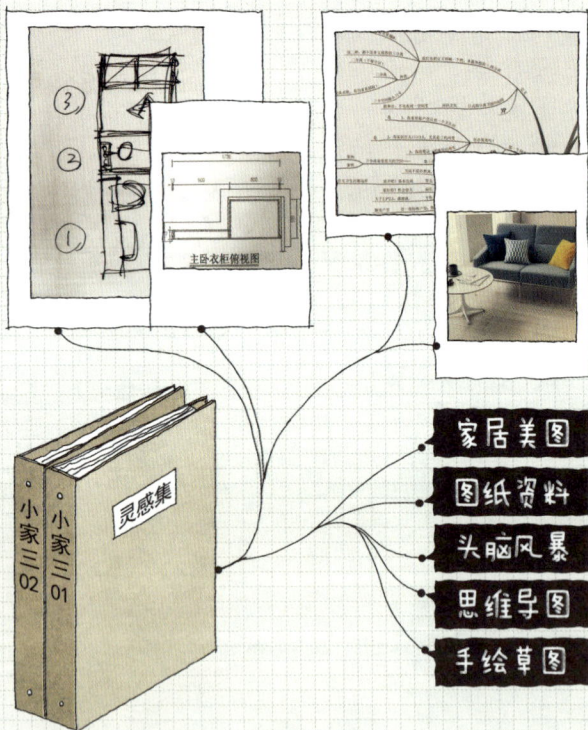

主卧衣柜俯视图

家居美图

图纸资料

头脑风暴

思维导图

手绘草图

灵感集

小家三02　小家三01

当写作卡壳的时候，我就会翻翻双孔夹。那些手写内容和草图，其实非常潦草，但越潦草反而越有生命力。说不定就会有些东西从脑子里蹦出来，让停滞的笔再次动起来！

当时的草图：

比如"小家"这个卡通形象，就是在某一天的会议中开小差时涂鸦在纸上的，回来顺手放进双孔夹。后来偶然再翻双孔夹时，忽然就想在书里加这么一个角色，略做改动，就变成如今你看到的样子啦！

啊？原来我曾经有手有脚啊？！

用途 **6**： 串起知识珍珠

信息碎片化时代，太多有价值的内容被淹没在手机里。如果不做筛选、整理，这些信息就如同掩埋在泥沙下的珍珠，被新的淤泥层层盖住，最终失去价值。

我从多年前开始将双孔夹作为"专题学习"工具，遇到自己感兴趣的新领域、新技能时，就建一个专门的双孔夹，将相关资料、读书笔记和自己的随笔纳入，也会将印象笔记中收集的重要资料打印出来，放进双孔夹。

借助这一册册双孔夹，逐渐形成自己独有的知识体系和思考框架。

> 将散落的珍珠
> 串成头脑的项链！

家居

心理

大脑

表达

单一容器，参差不一

据说最难收纳的，反而是收纳神器……

插袋文件夹

多层分袋夹

其实，上面列举的这6种纸质内容物，如果单看其中一种，或许你能在网上找到更经济实惠、分类更细致、更省空间的"主妇妙招"和"收纳神器"。但是如果你把它们全买回家……

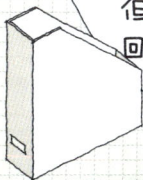

专用文件盒

发票收纳包

护照收纳包

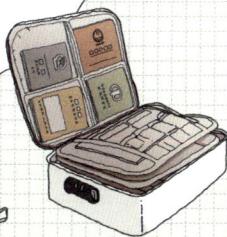

证件收纳包

通用体系，整齐划一！

我在做建筑师的时候，多年致力于中国住宅的"标准化"体系研究。"标准化"是科学的管理方式，是高效率和高标准的代名词。

收纳，本质上也是科学管理——高效管理空间，集约管理信息。亲爱的读者，请不要被充斥大街小巷的琐碎收纳技巧遮住双眼，请你开动脑筋，从宏观角度去统筹、去思考、去规划，建立适合自家的"标准化容器+多元化配件"收纳体系吧！

以少胜多！

在小家里，
任性
爱自己！

爱

PART4

薇姐，你拜访过那么多小家，你最喜欢什么样的家？

我喜欢的小家是这样的：30%好看+60%好用+10%任性！

现在房价高、面积小、居住压力大，能实现好用好看已经不易，"任性"是什么意思……？

XYZ?

正因为居住压力大，我曾见过很多居住者在装修小家时，精神高度紧张——似乎把房子当成一道数学题，无论如何都想解出唯一正确答案，无比注重实用性和合理性。这样的家固然很好，但我总觉得崩得太紧，就像居住的机器，缺了一分趣味……

随心任性

其实对每个人来说，家都是私人空间，一不是开发商的样板间，二不是精装修交房标准，大可不必那么紧张，不如松弛一点，随心一点，任性一点！

有点抽象……我不太理解．能举个具体的例子吗？

哈哈．那我举自家的两个小例子吧！不过事先声明，我并**无意说服**你理解和接受它们．它们既不是什么示范工程，也没有什么匠心独运之处．它们只是我在自己家里，哄自己开心的"任性设计"而已！

嘻嘻

第一个案例:

《小家,越住越大》里,曾写过的"客厅大柜",是非常具有逯薇个人标签属性的收纳设计。我们全家用了多年,已经完全离不开它了。所以这次搬家时,新家自然也沿用了这个套路。

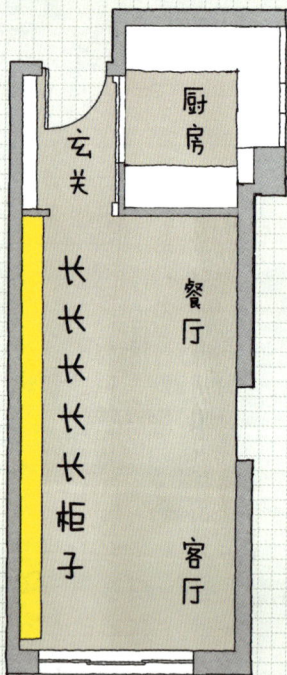

左右贯通拉齐，上下顶天立地

设计这组柜子，对我来说可谓是轻车熟路，毫无难度，柜身图半小时画完！

哇……好壮观！

北抵玄关门洞

起居大柜
630cm

南至阳台外墙

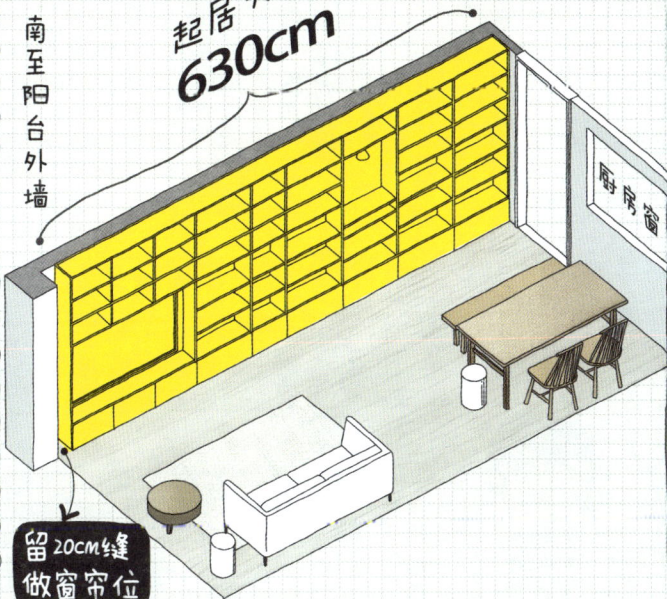

厨房窗

留20cm缝做窗帘位

省钱划算的"**180+80分段法**"

柜子这么长，怎么做才最划算呢？其实，大柜子都是小柜子一段段拼接的。不妨采用"180+80分段法"，可以减少材料损耗，提高性价比！

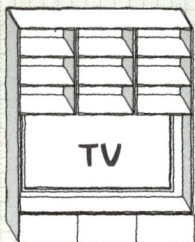

180

首先，预留180cm作为电视机位宽度，兼容70寸及以下所有主流电视机。

+

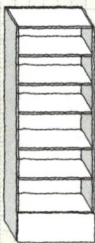

80

然后，尽可能多用80cm宽的柜子来拼合。

+

剩余宽度

总长度减去180cm，减去多个80cm后，最后剩余宽度单独做个窄柜子。

这样比较省钱哦！

（单位：cm）

↓

总长 630 = 180 + 80×5 + 50

忽然陷入**设计瓶颈**？

然而没想到的是，柜身设计飞速定稿后，在柜门外观设计上却完全卡住了……前前后后不知道画了多少版图，试遍各种方案，却没有任何一个方案让我真正心动……

哎?!

停滞

思路卡了快一个月了……

?

合情合理，但不合我心意……

不懂你在纠结啥？类似下图这样的，不就挺好的吗？

MODERN STYLE

可我不喜欢~

这样当然也挺好，不过……或许是人到中年的缘故吧，这几年我越来越喜欢柔和自然的调性，总觉得平板柜门偏硬朗，现代感太强，似乎不够松弛……

来自公元1728年的启发!

什么样的柜门设计才能显得自然松弛?
脑子里一点思路也没有……

直到某天,翻看马未都先生的一本
书时,一段清宫造办处的记载,吸
引了我的注意力。

雍正六年七月初五,副
总管太监苏培盛传旨:
乾清宫冬暖阁楼上,着
做楠木边书六架,要安
得五百二十套书,每架
屉子上随纱帘一件。
……钦此。

哎哎哎,
这个?!

《马未都说收藏:家具篇》

雍正爷和苏培盛的柜子

……乾清宫冬暖阁楼上，
着做楠木边书六架，
要安得五百二十套书，
每架扇子上随纱帘一件。

柜子加帘子？！

清宫小剧场

去内务府安排一下，给朕屋里做几个新书柜，记得挂上帘子哦！

皇上圣明，帘子既遮挡凌乱还能防落灰。真是个 good idea!

遵旨

朕知道了！

柔软的布帘比硬质的柜门，自然柔和得多！正合吾意！

遮灰挡乱，功能OK！

价格方面也可以便宜不少！

普通柜门一扇最大只能做0.45m宽，这么长的柜子，柜门多了难免琐碎。而布帘子一片可以做4.5m宽，视觉上整体感强烈！

一意孤行，任性恣情

用布帘子替代柜门？你有把握吗？这可是客餐厅里最醒目的位置啊……这么任性行得通吗？

朕心意已决！不试试怎么知道行不行！

朕画个方案！

力谏！

可可可是！咱家天花吊顶早就施工完了，挂布帘的窗帘轨道已经无法隐藏了啊……轨道、帘头、抓钩全明露会很丑啊！

唔……那咱试试"蛇形帘"！

永远完美的波浪——蛇形帘

蛇形帘，又叫作等间距帘或波浪帘。它的最大特点是，无论打开还是合上，所有褶皱**永远**呈现等间距的S形，韵律感极强。

蛇形帘需要搭配专用的滚轮和织带等配件。每个滚轮间有细线牵连。轨道外露出来的只有一个很小的卡件，不仔细看根本注意不到。整体视觉效果极为简洁干净。

轨道（内藏带细线的滚轮）

织带

卡件

头一次听说……确实还挺好看的。

下一步是选择布料！

好！接下来，朕要御驾亲征轻纺市场！寻找帘子布料！

入戏太深？！

普通的窗帘布料太过厚重，在客厅挂整整一面墙会很怪异。理想的布料应该是薄而挺括，并且和柜身同一色系。

网上挑选的话，不眼见为实还是觉得不放心。干脆，前往布料的星辰大海——深圳东门中轻纺城！

地铁
Metro

布料批发

棉布、麻布、真丝 进

布艺窗帘批发

15元一米

7折!

呵……没想到
市场这么大！
朕头晕眼花，
脚也疼了……

大喘气

千辛万苦！终于选到了心仪的布料！ ♥

杨姐布艺

这款仿棉麻料子和柜身颜色非常接近，据店家说本来是做夏天的裤子用的面料，既轻薄又垂顺，还非常便宜，一米料子不到30元。

把布料和蛇形帘的配件一起送到裁缝处，做了三大块布帘，每块宽4m，高2.4m。

哇！布帘与柜子真的很搭配！

试验
成功！

甚合朕意！

好看+好用+任性!

在自己家里,胆大妄为也没关系!按自己的想法去尝试,去实现,感觉真好!嘻嘻……

先别急着显摆啊!布帘子使用起来,感受到底怎么样?

超方便!想要整理客厅,"唰"的一声拉开,柜内所有物品都暴露出来。客人忽然登门,来不及收拾,"唰"的一声合上,一切凌乱通通"消失",眼不见心不烦。既容易拿取,也容易清理,一家老小都非常喜欢,我家娃儿总躲在布帘后面捉迷藏!

拉开一目了然,
合上神清气爽。

第二个案例

> 这个案例，是关于我家主卫生间的！

如前面第204页所述，我家公用卫生间的淋浴、洗衣功能颇为齐备。而主卫面积则相对更小，做卫浴三件套极为紧张。

因为不想每天在窄小的主卫里淋浴，我索性放弃了主卫的淋浴功能，将原本的卫生间三件套，减成两件套，只剩下马桶和洗面台。

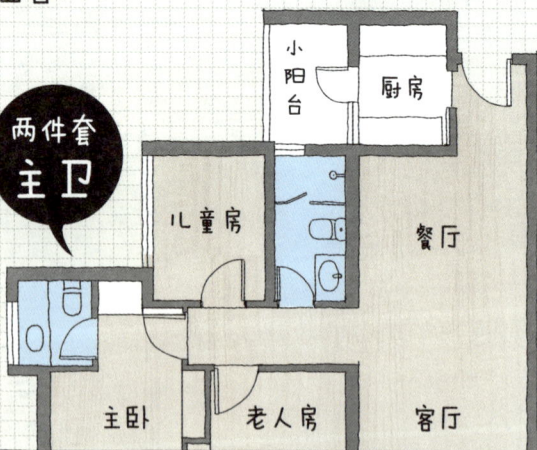

三件套 公卫

两件套 主卫

小阳台

厨房

儿童房

餐厅

主卧

老人房

客厅

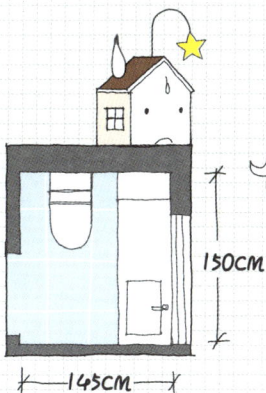

主卫只剩两件套？那日常方便吗？

150CM

145CM

其实我家里人洗澡的时间本来就是完全错开的，日常基本没问题。另外，我有个酝酿了快30年的想法，说不定能借这个机会实现呢！

其实还好啦！

？！

30年的想法？

没错！9岁那年，上小学三年级的我偶然间读到欧阳修《归田录》中的一段话……

欧阳修的"三上"

欧阳修
（1007 — 1072）
北宋政治家，
著名文学家，
"唐宋八大家"之一。

余生平所作文章
多在三上乃马上
枕上厕上也

厕上！
哈哈哈哈！
大文豪的小癖好！

以前我上厕所的
时候读书，都是
偷偷摸摸，以后
就有理论依据了！

红领巾

1990年，逯薇9岁

1998

2008

2018

不怕便秘啊!

厕上读书30年!

梦想中的上书房!

人家从小到大,最大的居住梦想之一,就是拥有一间"~~厕~~上书房"!♥

怒

这种恶趣味你还好意思说!这算哪门子居住梦想啊!

呜呜呜你不懂……女人到了中年,家里上有老下有小,几乎没有一丁点真正属于自己的时间空间……只有在上厕所的时候,真正是自由的!人家只想保留一块心灵自留地而已……

嘤嘤
啜泣

我真是败给你了……算了,随你的便啦……

标准三件套难免潮湿

之前我住过的房子都是标准三件套卫生间。无论怎么干湿分区，洗澡后总是比较潮湿。

书如果一直放在里面会发霉。所以只有如厕的时候才带进去。

只剩两件套反而干爽

现在的主卫没有了淋浴，
水汽变少了，洗面台临窗，
通风良好，小空间相当干爽。

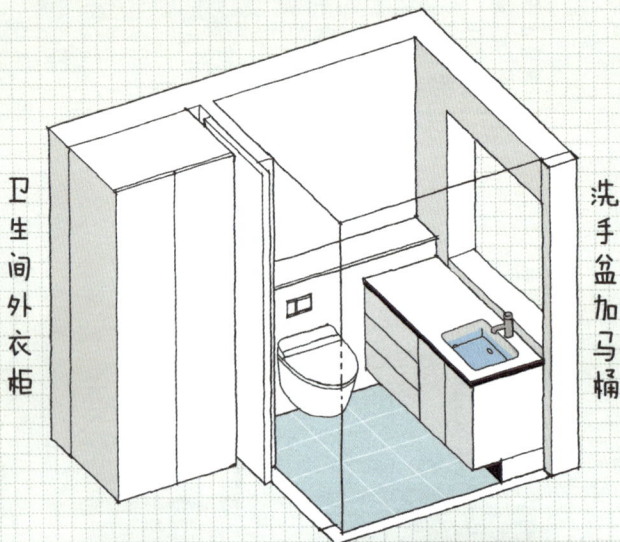

卫生间外衣柜

洗手盆加马桶

嘿嘿……天时地利人和！是时候让我的宝贝书们，登堂入"厕"了！

马桶书柜，
天生一对！

矮墙书架

利用同层排水的矮墙上方空间，定制一组书架，外观看起来不大，却足足放得下180本书。

把从小到大我最喜欢的书（基本都是漫画啦）全搬进来。出于卫生考虑，给它们一一包上牛皮纸书皮。封皮和书脊上不写书名。每次随机抽取，像抽签一样好玩。

宽大的洗面台

洗面台正对着窗户，无法挂镜子，就从网上定制一面圆镜，从天花板吊下来。

吹风机难收纳，这次就在第一个抽屉里预留了插座。再也看不到烦人的乱线！

在洗面台下部放小厨宝，热水来得贼快。

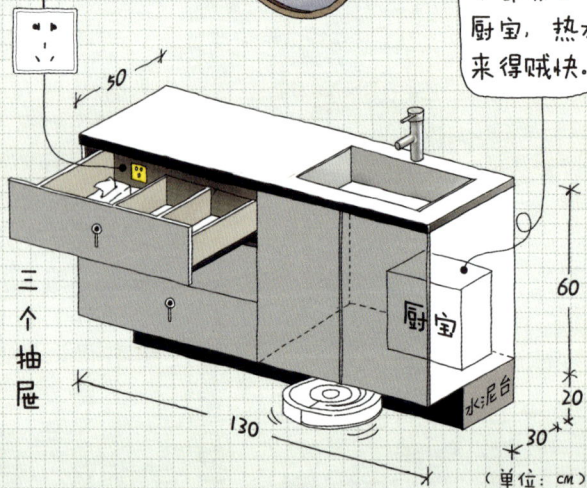

50

三个抽屉

厨宝

水泥台

130

60

20

30

（单位：CM）

墙体是填充墙，挂不住沉重的洗面台。就在地上砌筑了一个宽30CM、高20CM的水泥台，把定制洗面柜"摆"在上面。底部清洁零死角，扫地机器人可以轻松探入。

营造让人放松的美好氛围

谁说卫生间只能是个潮湿的功能空间呢？
拒绝瓶瓶罐罐、拒绝抹布拖把、拒绝水渍
霉斑，我要打造一个超越它本身功能的

精神场所！

••••

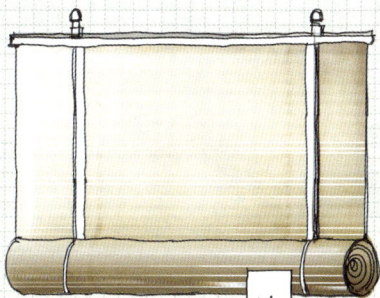

古董台灯

竹帘

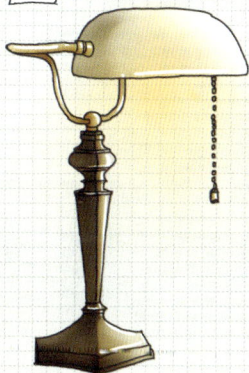

迷你盆栽

烛台

拜托擅书法的好朋友，
妙笔写就《三上》，
镶进木质玻璃框中，
挂在马桶上书架处。

"上"书房，实至名归！♥

嘿嘿

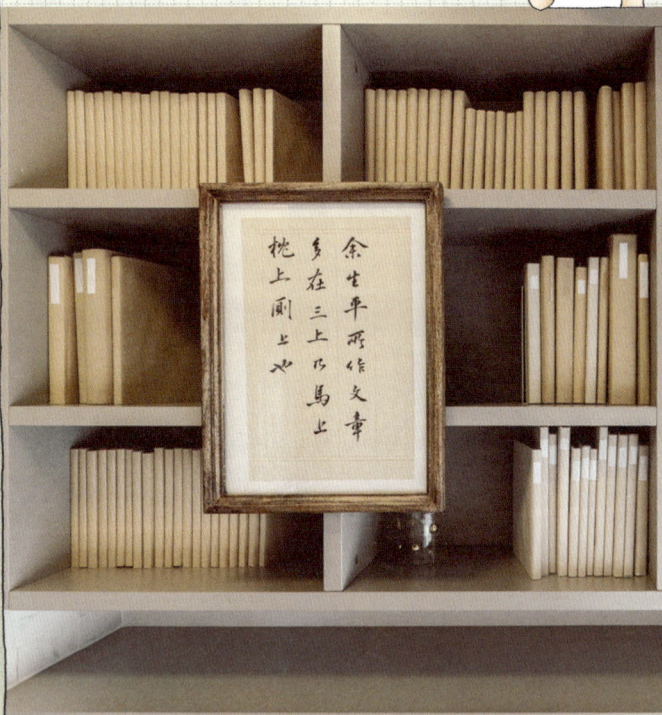

余生平所作文章多在三上乃马上枕上厕上也

无语……

余生平所作文章，多在三上，乃馬上枕上廁上也

30年梦想成真！

嗯……虽然恶趣味，但确实感觉还行……

怎么说呢……我觉得你家这两处挺有趣，但并不是每个人都能理解你的做法啊！

不是有句话叫"如果每个人都理解你，那你得普通成什么样"吗？其实这句话也可以换成——如果每个人都能理解你的家，那不就是个精装修样板间吗？

这么任性真的好吗？

成年人的任性，其实是很难得的……在家以外的地方，我们多多少少会压抑自己，迎合他人。可是在小家里，任性爱自己，才最重要，不是吗？

这个小小的卫生间，
是这个小小的家中，
给我最大心灵自由的空地。

在外面忙碌一整天回到家，
老公加班未归，孩子睡了，
我就钻进这个小小空间里。

关上门，关了手机，
点亮台灯，熏一支香，
卸罢残妆，敷张面膜，
想看书就看两页，
不想看书就发会呆。
大隐隐于市，小隐隐于厕。

任性又何妨？
家是自己的，
无须向他人解释。

碎碎念

这一篇嘛……内容接受度可能是本书所有篇章中最低的，但在我心目中，它是这本书中最可爱、最独特、最"任性"的。

德国作家赫尔曼·黑塞说，
任性是最被低估的美德。

年少时，我曾非常任性。逐渐长大的过程中，能"任性"的时候，越来越少——家里有老人有孩子，公司有领导有同事，谁还能容得下中年女子的"任性"？

然而，当我35岁后，"任性"地开始画漫画、出书，"任性"地从大企业辞职、成立个人工作室，"任性"地按自己希望的方式生活和工作时，我才蓦然发现，能找回内心深处的"任性"，真是太好了……

任着心性，自由前行。

我有一把安乐椅，名字叫安乐，坐起来却不安乐。

五年前，我希望在客厅一角添一把舒服的椅子用来读书。于是，顶着大太阳，跑遍了深圳大大小小的家居店，试坐过几百把不同的安乐椅，直到我看到了它。

它的样子，真的不错：颜值高，用料好，做工细。蜂蜜色的头层牛皮，深胡桃木的扶手，惬意的椅背倾角，饱满的头枕，沉稳又飘逸的造型。在店里我反复试坐了半小时，俯下身仔细查看它的每一处做工细节，又针对环保、售后、订货周期等问题和店员深入沟通许久。最终，我花了几千块买下了它。

安乐椅搬回家的第一晚，我迫不及待调亮了落地灯，窝进椅子，开始读书。我记得那本书大约200页，花了一个小时看完。从椅子上起身时，我发觉自己的小腿麻了。当时我并没有太在意，以为只是久坐之故。

可是从那以后，每每我坐上这把椅子，都隐隐感觉身体的姿势并不舒服。我试过身后垫上大靠枕、小腰枕，在椅子前面垫过蒲团作为脚踏，但都无法改善腿麻的问题。

这把椅子，很多朋友来了看到都喜欢它的款式，常有人问我哪儿买的。然而，我和家人却越来越少使用它。它很好看，也有点贵，舍不得断舍离，只好任由它变成客厅一角的装饰品。

我一直有点困惑，为什么这把安乐椅不安乐？

直到2019年，我写《小家，越住越大3》的飘窗改造一章时，请教了家具设计的大行家，花了几个月时间研究人体工学中与坐姿相关的内容，搞清楚了安乐椅的工业设计核心要点，才忽然明白了为什么。那把安乐椅的座面外缘，离地高度竟然达到45cm，超出这类家具的舒适座面高度10cm左右。人坐在上面，脚其实是无法真正着地的，膝盖下方有丰富的血管和神经，承受体重压力久了自然容易麻木。另外，它的椅背倾角足足有125°，导致人坐在上面会不由自主后仰，姿势表面看似松弛惬意，实际腰背部的承托十分不合理。

五年前的我，哪懂这些。在店里仅试坐了半小时，觉得款式漂亮，就懵懵懂懂买回家。几千元花费和五年闲置时间，我算是交了一笔"住商税"吧。

缺失住商，就要交住商税。
于我，当然也不例外。

无论是谁，
都不是一出生就拥有"住商"啊。

我曾作为住宅设计师，在万科工作14年，设计过几
十万套精装修住宅。我也曾打通细分专业壁垒，将
楼型、户型、精装、收纳四大系统融会贯通，跻身
于业内一流的研究者之列。但是，搞清楚一把椅子
是否真正"舒服"，需要的是活动家具领域的"住
商"。就这个细分领域而言，我直到如今也基本是
个门外汉。

住，真不简单。
不到100m²的小家里，空间布局、动线规划、收纳系
统、功能配置、家具选择、颜值搭配……
哪一样都有大学问，哪一样都不简单。

你以为花点钱找个设计师就能搞定？
——不，我跟你说一句大实话，80%的中国年轻设计
师，他/她本人都还严重缺乏生活经验呢。
你还是努力提升自己的"住商"，更靠谱。

我们绝大多数人，一生也住不了几套房子。
但是，我们人生的每一天，都在房子里居住。

住，不是天上掉下来的本事；
住，是一个不断学习的过程。
居住不息，学习不止。

过去四年，我写了"小家，越住越大"系列3本书。
回头看，我内心深深感恩这段漫长的旅程。

写书的过程，就是学习的过程。
为了写，就要学。

越学习，越明白自己是多么无知。
越学习，越发觉居住是多么有趣。
越学习，越希望帮更多普通人提高住商。

中国人的小家，正在发生巨大变化。
中国人的居住，正在实现惊人飞跃。
我很幸运能够生活在这个大时代，
我很幸运能够居住在这个大时代。

住，真不简单。
住，我真喜欢。

END

感谢亲爱的读者们，谢谢你们在信息泛滥的新媒体时代，仍选择安静地打开一本纸质书。

感谢我的微信公众号"家的容器"的粉丝们。别人家的公众号常年"日更"，咱们家的公众号长年"断更"。谢谢你们一直没"取关"，一直在等我……

感谢宜家家居（IKEA）授权本书"颜值篇"部分照片版权。
感谢金牌厨柜对于本书"厨房超薄柜"部分内容的支持。

感谢我的朋友Mercy女士，赠我"三上"墨宝。
感谢我的工作室小伙伴们，在我长达大半年的闭关写书期间，你们每天都辛苦了。
感谢中信出版社的各位编辑们，一路陪伴，共同成长。

感谢我的家人，始终用爱支持我。

逯薇
2019/07/31

2019/09/03
在家的容器工作室

中英文词汇对照表

英文单词	中文翻译
A4	尺寸 21cm x 29.7cm
after	在……之后，以后
all buy	都买
all in	全拿下
before	在……之前，以前
end	结束
get	明白了
good idea	好主意
home	家
Mercy	默茜（女名）
metro	地铁
modern style	现代风格
new idea	新想法
next	下一页，下一步
no	不，不是
Ok	可以
open	开，打开
part	部分
step	步骤
surprise	惊喜
up	上，向上
wow	感叹词，哇
yeah	是的
yes	是

英文缩略词	中文翻译
DIY	自己动手
H	height 的缩写，高度
IKEA	宜家家居
LED	发光二极管的简称
Q	question 的缩写，问题
USB	通用串行总线
vs	versus 的缩写，对比
W	width 的缩写，宽度

参考

单位名称对照表

英文单词	中文翻译
cm	厘米
m	米
m²	平方米

读 书 笔 记

读书笔记